四川省超低能耗建筑
应用技术指南

主 编 　四川省土木建筑学会
　　　　四川省绿色建筑与建筑节能工程技术研究中心

西南交通大学出版社
·成 都·

图书在版编目（ＣＩＰ）数据

四川省超低能耗建筑应用技术指南 / 四川省土木建筑学会，四川省绿色建筑与建筑节能工程技术研究中心主编. 一成都：西南交通大学出版社，2023.11
ISBN 978-7-5643-9466-0

Ⅰ. ①四… Ⅱ. ①四… ②四… Ⅲ. ①节能 – 建筑设计 – 四川 Ⅳ. ①TU201.5

中国国家版本馆 CIP 数据核字（2023）第 161646 号

Sichuan Sheng Chaodi Nenghao Jianzhu Yingyong Jishu Zhinan

四川省超低能耗建筑应用技术指南

主编／　四川省土木建筑学会　　　　　　　　　　　　责任编辑／姜锡伟
　　　　四川省绿色建筑与建筑节能工程技术研究中心　封面设计／GT 工作室

西南交通大学出版社出版发行

（四川省成都市金牛区二环路北一段 111 号西南交通大学创新大厦 21 楼　610031）
营销部电话：028-87600564　　028-87600533
网址：https://www.xnjdcbs.com
印刷：成都蜀通印务有限责任公司

成品尺寸　185 mm × 260 mm
印张　8.25　　字数　187 千
版次　2023 年 11 月第 1 版　　印次　2023 年 11 月第 1 次

书号　ISBN 978-7-5643-9466-0
定价　48.00 元

【 编委会 】 >>>>

主　编

高　波　　　　　　　四川省土木建筑学会
　　　　　　　　　　四川省建筑科学研究院有限公司

副主编

于佳佳　倪　吉　　　四川省土木建筑学会
　　　　　　　　　　四川省绿色建筑与建筑节能工程技术研究中心
余恒鹏　韩　舜　　　四川省建筑工程质量检测中心有限公司

参　编

何婉艺　陈雪莲　苏英杰　白文东
黄　建　吴　东　陈红林　周耀鹏
巫朝敏　王梦苑　张雪捷　　　　　四川省建筑科学研究院有限公司
刘育搏　付韵潮　邱　壮　钟于涛　四川省建筑设计研究院有限公司
郑　宇　郭　东　　　　　　　　　中国建筑西南设计研究院有限公司
袁中原　曹晓玲　　　　　　　　　西南交通大学
石宵爽　　　　　　　　　　　　　四川大学
张丽丽　李彦儒　　　　　　　　　四川农业大学
霍海娥　　　　　　　　　　　　　西华大学
朱晓玥　　　　　　　　　　　　　四川省绿色建筑与建筑节能工程技术
　　　　　　　　　　　　　　　　研究中心
钟吕斌　杨　东　　　　　　　　　四川志德节能环保科技有限公司
黄远祥　周　鹏　高　平　李青青　四川天艺生态园林集团股份有限公司

编 审

龙恩深　　　　　　　　　四川大学

梁　虹　　　　　　　　　成都市建筑设计研究院有限公司

王家良　　　　　　　　　四川省建筑设计研究院有限公司

刘几飓　　　　　　　　　成都西南交通大学设计研究院有限公司

余南阳　　　　　　　　　西南交通大学

乔振勇　　　　　　　　　四川省建筑科学研究院有限公司

刘　超　张　瀑　　　　　四川省土木建筑学会

主编单位

四川省土木建筑学会

四川省绿色建筑与建筑节能工程技术研究中心

参编单位

四川省建筑科学研究院有限公司

四川省建筑工程质量检测中心有限公司

四川省建筑设计研究院有限公司

中国建筑西南设计研究院有限公司

西南交通大学

四川大学

四川农业大学

西华大学

四川志德节能环保科技有限公司

四川天艺生态园林集团股份有限公司

【 前 言 】 >>>>

PREFACE

　　超低能耗建筑的核心是降低建筑资源需求，以最少的资源消耗提供舒适、高效的使用空间，实现社会、自然、经济的和谐、可持续发展。编制《四川省超低能耗建筑应用技术指南》（以下简称本指南）目的在于整合四川省超低能耗建筑应用技术的经验，指导四川省超低能耗建筑的健康、合理、有序发展，为相关从业人员提供参考。

　　长期以来，建筑业作为国民经济支柱型产业，具有突出的高能耗、高排放特征——建筑全生命周期能源消耗量占到全国能耗总量的 46.5%，而碳排放则占全国能源碳排放的 51.1%。所以，建筑部门积极探索超低能耗技术体系，切实降低能耗与碳排放，是实现国家"双碳"目标的必然要求。

　　目前，四川省超低能耗建筑发展的实施方案尚不明确，主要体现在相关技术措施不成体系、配套产业链没有贯通以及实际工程示范缺乏等方面。以往的研究或是只讨论技术对建筑能耗和环境的影响以及在概念上如何形成超低能耗建筑，而未对四川省已建成的超低能耗建筑项目及产业进行整合；或是单独研究某几项技术在特定气候区的效果，而未考虑形成体系后，不同技术之间的交叉协同作用，缺乏对技术体系经济性、可推广性等多方面的综合评估。同样是被动房，在不同气候区的应用，其技术和指标必然有较大的差异，而四川省有夏热冬冷地区、温和地区、严寒地区等多个气候分区，整合不同气候分区的相关超低能耗技术是非常有必要的。

本书第 1 章概述了四川省超低能耗建筑的技术要求、能效指标、评价方法和流程管控方法；第 2 章详细阐述了超低能耗建筑设计阶段的技术措施；第 3 章则强调了施工建造阶段需要注意的关键点；第 4 章则提供了切实有效的运行策略，以确保建筑的高效运行。

本书的出版是对四川省建筑业碳中和实施路径的梳理和探索，是对未来工作的引导和尝试。随着科学技术的发展及相关研究实践的增加，我们将积极收集、适时更新相关技术内容。衷心向本书编写及审阅过程中提供帮助的各位表示感谢，对于本书的疏漏和不足之处，恳切希望得到各方面的批评指正，以备修正。

编委会

2023 年 10 月

【 目 录 】 >>>>

CONTENTS

第 **1** 章 **技术要求**

1.1 四川省超低能耗建筑基本规定

1.1.1 设计理念

所谓超低能耗建筑,是指适应气候特征和场地条件,通过被动式技术手段,大幅降低建筑能源需求,通过主动式技术措施,大幅提高设备与系统效率,充分利用可再生能源,以更少的能源消耗提供更舒适、高效室内环境的建筑。

四川省气候分区较多,各气候区超低能耗建筑应根据当地气候特征、场地条件并结合项目特点,首先,通过优化建筑空间布局、提升围护结构热工性能等被动式技术,以降低建筑能源需求;其次,通过提升用能设备及系统的能效,以降低建筑能源消耗;最后,积极利用可再生能源以替代建筑对传统能源的消耗,最终实现超低能耗建筑目标。

1.1.2 技术原则

四川省超低能耗建筑技术应遵循"节流、开源、固碳"的原则。

"节流"旨在最大幅度降低建筑供暖、空调、照明等需求,包括被动式和主动式两类。被动式技术措施主要包括自然通风、自然采光、采用围护结构高效保温系统、外窗活动遮阳、提高建筑气密性等技术手段;主动式技术措施则通过采用高效的用能设备、照明系统智能控制、能源管理与环境监测等主动式技术手段,最大幅度提高能源利用效率,从而实现节能。

"开源"则是在"节流"的基础上,充分利用太阳能光伏光热、地源热泵、空气源热泵供暖等可再生能源技术,进一步降低能耗、提升环境品质,实现超低能耗建筑目标。

"固碳"则是利用绿化技术等来增加建筑碳汇,以平衡建筑不可避免的碳排放,最终实现超低能耗建筑减少碳排放的目标。

1.2 四川省超低能耗建筑指标要求

1.2.1 建筑能耗指标

四川省超低能耗建筑以其年建筑能耗综合值作为评价指标，建筑能耗指标实测值应小于表 1-1 或表 1-2 中的指标约束值。

表 1-1　四川省超低能耗居住建筑能耗指标约束值

气候分区	综合电耗指标约束值 /[kW·h/（a·H）]	非供暖燃气消耗指标约束值 /[m³/（a·H）]	供暖燃气消耗指标约束值 /[m³/（a·H）]
严寒地区	1700	150	550
寒冷地区	2100	140	450
夏热冬冷地区	2400	240	0
温和地区	1700	150	0

注：H 代表户。

表 1-2　四川省超低能耗办公建筑能耗指标约束值

气候分区	综合电耗指标约束值 /[kW·h/（a·m²）]	供暖燃气消耗指标约束值 /[m³/（a·m²）]
严寒地区	40	6
寒冷地区	40	5
夏热冬冷地区	50	0
温和地区	35	0

应注意，表中居住建筑能耗包含每户自身能耗和公共部分分摊能耗，公共建筑能耗不包含建筑内集中设置的高密度信息机房、厨房炊事等能耗。居住建筑能耗指标以每户每年能耗量为能耗指标表现形式，公共建筑能耗指标以每年单位建筑面积能耗量为能耗指标表现形式。当建筑实际使用条件与《民用建筑能耗标准》（GB/T 51161—2016）中相关要求不符时，应按上述标准进行能耗实测值修正。

1.2.2 围护结构性能指标

1.2.2.1 建筑设计

四川省超低能耗建筑不同气候区性能指标要求见表 1-3。

1.2.2.2 构件性能

四川省居住建筑非透光围护结构平均传热系数可按表 1-4 选取，四川省办公建筑非透光围护结构平均传热系数可按表 1-5 选取。

表 1-3 四川省超低能耗建筑不同气候区性能指标要求

建筑类型	设计项目		热工区划			
			严寒地区	寒冷地区	夏热冬冷地区	温和地区
居住建筑	体形系数限值	≤3 层	≤0.50	≤0.52	≤0.55	≤0.55
		>3 层	≤0.30	≤0.33	≤0.40	≤0.45
	窗墙比限值	北	≤0.25	≤0.30	≤0.40	≤0.40
		东、西	≤0.30	≤0.35	≤0.35	≤0.35
		南	≤0.45	≤0.50	≤0.45	≤0.50
	屋面天窗面积限值	屋面天窗面积与所在房间屋面面积的比值	≤10%	≤15%	≤6%	≤10%
	可再生能源利用率		≥10%			
	建筑气密性（换气次数 N_{50}）		≤0.6		≤1.0	
办公建筑	体形系数限值	300<单栋建筑面积/m^2≤800	≤0.50	≤0.50	—	—
		单栋建筑面积/m^2>800	≤0.40	≤0.40	—	—
	屋面透光部分		不超过屋面总面积的 20%			
	可再生能源利用率		≥10%			
	建筑气密性（换气次数 N_{50}）		≤1.0		—	

表 1-4 四川省居住建筑非透光围护结构平均传热系数

围护结构部位	传热系数 K/[W/(m^2·K)]			
	严寒地区	寒冷地区	夏热冬冷地区	温和地区
屋面	0.15～0.25	0.15～0.30	0.20～0.45	0.30～0.60
外墙	0.15～0.25	0.15～0.30	0.20～0.45	0.30～0.60
地面及外挑楼板	0.20～0.35	0.25～0.45	—	—
分隔非供暖房间与供暖房间的楼板	0.25～0.35	0.30～0.50	—	—
分隔非供暖房间与供暖房间的隔墙	1.00～1.20	1.20～1.50	—	—

表 1-5 四川省办公建筑非透光围护结构平均传热系数

围护结构部位	传热系数 K/[W/(m^2·K)]			
	严寒地区	寒冷地区	夏热冬冷地区	温和地区
屋面	0.20～0.30	0.20～0.40	0.30～0.50	0.30～0.60
外墙	0.20～0.40	0.25～0.45	0.30～0.50	0.30～0.80
地面及外挑楼板	0.30～0.40	0.30～0.50	—	—
分隔非供暖房间与供暖房间的楼板	0.30～0.70	0.40～0.60	—	—
分隔非供暖房间与供暖房间的隔墙	1.00～1.20	1.20～1.50	—	—

四川省居住建筑外窗（包括透光幕墙）传热系数（K）和太阳得热系数（SHGC）值见表1-6，四川省办公建筑外窗（包括透光幕墙）传热系数（K）和太阳得热系数（SHGC）值见表1-7。

表1-6　四川省居住建筑外窗（包括透光幕墙）传热系数（K）和太阳得热系数（SHGC）值

性能参数		严寒地区	寒冷地区	夏热冬冷地区	温和地区
传热系数 K/[W/（m²·K）]		≤1.40	≤1.50	≤2.00	≤2.50
太阳得热系数（SHGC）	冬季	≥0.45	≥0.45	≥0.40	≥0.40
	夏季	≤0.40	≤0.40	≤0.30	≤0.30

注：太阳得热系数为包括遮阳（不含内遮阳）的综合太阳得热系数

表1-7　四川省办公建筑外窗（包括透光幕墙）传热系数（K）和太阳得热系数（SHGC）值

性能参数		严寒地区	寒冷地区	夏热冬冷地区	温和地区
传热系数 K/[W/（m²·K）]		≤1.20	≤1.40	≤2.00	≤2.50
太阳得热系数（SHGC）	冬季	≥0.45	≥0.45	≥0.40	—
	夏季	—	—	≤0.30	≤0.30

注：太阳得热系数为包括遮阳（不含内遮阳）的综合太阳得热系数。

外门窗气密性能应符合下列规定：

（1）外窗气密性能不宜低于8级。

（2）外门、分隔供暖空间与非供暖空间的户门气密性能不宜低于6级。

1.2.3　暖通空调设备性能指标

（1）当采用分散式房间空气调节器作为冷热源时，其制冷季节能源消耗效率应符合表1-8的规定。

表1-8　房间空气调节器能将限值

额定制冷量 CC/kW	热泵型房间空气调节器全年性能系数（APF）	单冷式房间空气调节器制冷季节能将比（SEER）
CC≤4.5	5.00	5.80
4.5＜CC≤7.1	4.50	5.50
7.1＜CC≤14.0	4.20	5.20

（2）当采用户式燃气供暖热水炉作为供热源时，其热效率应符合表1-9的规定。

表1-9　户式燃气供暖热水炉的热效率

类型		热效率值%
户式供暖热水炉	η_1	≥99
	η_2	≥95

注：η_1 为供暖炉额定热负荷和部分热负荷（供暖状态为30%的额定热负荷）下两个热效率值中的较大值，η_2 为较小值。

（3）当采用空气源热泵作为供暖热源时，机组性能系数COP应符合表1-10的规定。

表1-10 空气源热泵机组性能系数（COP）

类型	低环境温度名义工况下的性能系数COP
热风型	2.00
热水型	2.30

（4）当采用多联式空调（热泵）机组时，在名义制冷工况和规定条件下的制冷综合性能系数[IPLV（C）]或机组能源效率等级指标（APF）可按表1-11、表1-12选用。

表1-11 多联式空调（热泵）机组制冷综合性能系数[IPLV（C）]

类型	制冷综合性能系数[IPLV（C）]
多联式空调（热泵）	6.0

表1-12 多联式空调（热泵）机组能效指标（APF）

类型	能效等级/[（W·h）/（W·h）]
多联式空调（热泵）	4.5

（5）当采用燃气锅炉时，在其名义工况和规定条件下，锅炉热效率应符合表1-13的规定。

表1-13 燃气锅炉的热效率

性能参数	[锅炉额定蒸发量 D/（t/h）]/[额定热功率 Q/MW]	
	$D \leqslant 2.0/Q \leqslant 1.4$	$D > 2.0/Q > 1.4$
锅炉的热效率	≥92%	≥94%

（6）当采用电机驱动的蒸气压缩循环冷水（热泵）机组时，其在名义制冷工况和规定条件下的性能系数（COP）或综合部分负荷性能系数（IPLV）可按表1-14和表1-15选用。

表1-14 冷水（热泵）机组的制冷性能系数（COP）

类型	性能系数（COP）/（W/W）
水冷式	6.00
风冷或蒸发冷却	3.40

表1-15 冷水（热泵）机组的综合部分负荷性能系数（IPLV）

类型	综合部分负荷性能系数（IPLV）
水冷式	7.50
风冷或蒸发冷却	4.00

（7）新风热回收装置换热性能应符合下列规定：

① 显热型显热交换效率不应低于 75%。

② 全热型全热交换效率不应低于 70%。

（8）居住建筑新风单位风量耗功率不应大于 0.45 W/（m³·h），办公建筑单位风量耗功率应符合现行国家标准《公共建筑节能设计标准》（GB 50189）的相关规定。

1.2.4 照明插座设备性能指标

建筑照明功率密度应符合表 1-16 ~ 表 1-18 的规定。当房间或场所的室形指数值等于或小于 1 时，其照明功率密度限值可增加，但增加值不应超过限值的 20%；当房间或场所的照度标准值提高或降低一级时，其照明功率密度限值应按比例提高或折减。

表 1-16 全装修居住建筑每户照明功率密度

房间或场所	照度标准值/lx	照明功率密度/（W/m²）
起居室	100	≤5.0
卧室	75	
餐厅	150	
厨房	100	
卫生间	100	
公共机动车库车道	50	≤1.9
公共机动车库车位	30	≤1.9

表 1-17 办公建筑和其他类型建筑中具有办公用途场所照明功率密度

房间或场所	照度标准值/lx	照明功率密度/（W/m²）
普通办公室、会议室	300	≤8.0
高档办公室、设计室	500	≤13.5
服务大厅	300	≤10.0

表 1-18 办公建筑通用房间或场所照明功率密度限值

房间或场所		照度标准值/lx	照明功率密度/（W/m²）
走廊	普通	50	≤2.0
	高档	100	≤3.5
厕所	普通	75	≤3.0
	高档	150	≤5.0

续表

房间或场所		照度标准值/lx	照明功率密度/（W/m²）
动力站	风机房、空调机房	100	≤3.5
	泵房	100	≤3.5
	冷冻站	150	≤5.0
	压缩空气站	150	≤5.0
	锅炉房、煤气站的操作层	100	≤4.5
公共机动车库	车道	50	≤1.9
	车位	30	

1.2.5　其他设备性能指标

电力变压器、电动机、交流接触器等主要其他设备产品的能效水平详见 2.4.4 电气设备节能。

1.3　四川省超低能耗建筑评价方法

四川省超低能耗建筑的评价应贯穿设计、施工及运营全过程，评价应以单体建筑为对象，参照本指南 1.2 节中建筑能效指标要求进行分类评价，在设计阶段能效指标评价应采用能效模拟相关的计算软件。

当设计阶段符合建筑能效指标要求时，可判定建筑设计达到超低能耗要求；当施工阶段与运营阶段同时符合建筑能效指标要求时，可判定该建筑达到超低能耗要求。

1.3.1　建筑设计阶段评价方法

施工图设计阶段应作建筑指标核算，指标计算方法参照《近零能耗建筑技术标准》（GB/T 51350—2019）。

（1）居住建筑应核算供暖年耗热量、供冷年耗冷量、可再生能源利用率和建筑能耗综合值，并满足本书 1.2 节的指标要求。

办公建筑应核算建筑本体节能率、可再生能源利用率和建筑综合节能率，并满足本书 1.2 节的指标要求。

（2）施工图审核应重点对照指标计算书逐一核查计算书中各项被动式及主动式节能措施是否在设计文件中得到完整、准确表达。

1.3.2　建筑施工阶段评价方法

竣工验收前，应对建筑气密性、围护结构热工缺陷、新风热回收装置性能进行检测，对外墙保温材料、门窗等关键产品等进行抽检。

（1）建筑气密性检测方法参照本指南第 3 章，检测结果应符合第 1.2.2.2 节构件性能的规定。

（2）建筑围护结构热工缺陷检测与判定方法为：受检内表面因缺陷区域导致的能耗增加比值应小于 5%，且单块缺陷面积应小于 0.3 m²。当受检内表面的检测结果满足此规定时，应判为合格，否则应判为不合格。

（3）对新风热回收装置性能进行检测，并应符合下列规定：

① 对于额定风量大于 3000 m³/h 的热回收装置，应进行现场检测。

② 对于额定风量小于或等于 3000 m³/h 的热回收装置应进行现场抽检，送至实验室检测。同型号、同规格的产品抽检数量不得少于 1 台；检测方法应符合现行国家标准《热回收新风机组》（GB/T 21087）的规定。对于获得高性能节能标识（或认证）且在标识（或认证）有效期内的产品，提供证书可免于现场抽检。

（4）应按现行国家标准《建筑节能工程施工质量验收标准》（GB 50411）及地方标准《建筑节能工程施工质量验收规程》（DB 51/5033）对外墙保温材料、门窗等关键产品（部品）进行现场抽检，其性能应符合设计要求。对获得高性能节能标识（或认证）且在标识（或认证）有效期内的产品，提供证书可免于现场抽检。

（5）若施工阶段影响建筑能耗的因素发生改变，则应重新核算建筑的能效指标。

1.3.3　建筑运营阶段评价方法

运行能耗指标评估周期为一年。

（1）居住建筑应以建筑能耗绝对值为评估指标，并以栋或典型用户电表、气表等计量仪表的实测数据为依据，经计算分析后采用。

（2）办公建筑应以建筑能耗绝对值为评估指标，且宜直接采用分项计量的能耗数据，并对其计量仪表进行校核后采用。

（3）需进行室内环境检测，检测参数包括室内温度、湿度、热桥部位内表面温度、新风量、室内 PM2.5 含量和室内环境噪声；办公建筑室内环境检测参数还宜包括 CO_2 浓度和室内照度。检测结果应符合设计要求。

1.4　四川省超低能耗建筑流程管控

超低能耗建筑工程建设项目各阶段专业节能设计要点见表 1-19。

表 1-19　超低能耗建筑工程建设项目各阶段专业节能设计要点

设计阶段	目标	要点	专业
方案阶段	1.建筑所采用的超低能耗建筑技术选项以及各专业关于超低能耗建筑专项内容；	1.完整的技术经济指标； 2.原始地形地貌及准确完整的被动式设计； 3.绿建等级、新能源新技术应用、交通安全等技术要求；	建筑
		4.满足机电专业进行大平面、大系统方案布置；	电、暖
		5.满足估算用电量、用水量需求；	电、水
		6.明确结构形式要求，选择适当体型；	结构

设计阶段	目标	要点	专业
方案阶段	2.有日照要求的建筑，应绘制日照分析图或日照分析报告	7.主、被动式太阳能利用设计；	建筑、可再生能源
		8.地下水地源热泵系统：进入机组的水源水质应达到循环冷却水的水质标准；	可再生能源、水
		9.可再生能源技术建筑应用适宜性评估； 10.地埋管地源热泵系统地埋管换热器初步设计； 11.地表水地源热泵系统取水、排水方案设计； 12.地下水地源热泵取水、回灌方案设计；	可再生能源
初设阶段	1.分专业阐述超低能耗建筑技术措施、材料选用和主要设备选型，如有条件可进行超低能耗建筑技术增量成本的分析； 2.总平图及建筑、结构、水、电、暖等各专业设计图纸，应反映选用的超低能耗建筑技术内容； 3.出具室外风环境、降低热岛强度、室内自然通风、自然采光等与超低能耗建筑相关的分析报告； 4.进行建筑能耗模拟，确认是否满足超低能耗建筑指标，若不满足，则在技术措施上进行调整	1.土建装修一体化，考虑装修设计的需求，做好主体结构孔洞预留、各装修面层固定件的预埋工作；	建筑、结构
		2.生活泵房、生活水箱间； 3.水处理房； 4.排水泵房；	建筑、水
		5.变配电房； 6.各弱电机房； 7.监控室、进线机房、总配线机房；	建筑、电
		8.制冷站； 9.制热站； 10.冷却塔、风冷热泵、多联室外机； 11.风机房； 12.空调机房、新风机房；	建筑、暖
		14.太阳能建筑一体化设计；	建筑、可再生能源
		15.屋顶承重；	结构、可再生能源
		16.冷冻水系统补水点、排水点； 17.冷却水系统补水点、排水（污）点； 18.供暖系统补水点、排水（污）点； 19.制冷站给水及排水点； 20.热水机房给水及排水（污）点； 21.锅炉房给水及排水（污）点； 22.换热站给水及排水点； 23.空调机房给水及排水点； 24.蒸气系统上水、排水（污）点； 25.非蒸气加湿装置用水点；	水、暖
		26.太阳能光热水系统补水点、排水点； 27.水源热泵取水点、排水点； 28.蓄热装置补水点、排水点；	水、可再生能源
		29.各种水泵；	水、电

续表

设计阶段	目标	要点	专业
初设阶段		30.冷水机组，热水机组、锅炉； 31.冷冻、冷却水泵； 32.空调末端（风柜、空调器、盘管等）； 33.通风风机； 34.风系统-电动（磁）风口、风阀； 35.压力开关、流量开关； 36.电接点温度计、温度传感器，电接点压力表、压力传感器； 37.液位传感器； 38.电磁阀、电动阀； 39.热量表、远传水表、远传天然气表； 40.其他有特殊要求的设备；	电、暖
		41.太阳能光热水系统补水点、排水点； 42.水源热泵取水点、排水点； 43.蓄热装置补水点、排水点；	可再生能源、电
		44.地埋管钻孔设计； 45.地下水源热泵取水井、回水井设计； 46.地表水源热泵取水、排水及中间换热器设计 47.光伏、光热利用系统设计	可再生能源
施工图阶段	1.明确超低能耗建筑各专业技术措施； 2.有与超低能耗建筑技术相关的设备材料采购和施工需要； 3.进行建筑能效指标核算，确认满足超低能耗指标要求。	1.满足结构完成结构布置及计算；	结构
		2.明确保温节能技术标准、构造做法及材料； 3.建筑特殊需求（如恒温恒湿、防火防爆等），提供技术措施要求；	建筑
		4.各种水泵； 5.电热水器、电开水器； 6.其他有特殊要求的设备； 7.压力开关、流量开关、电磁阀、电动阀； 8.远传水表、其他有特殊要求的仪表；	水、电
		9.屋顶等光伏/光热组件基座；	结构、可再生能源
		10.太阳能光热水系统补水点、排水点； 11.蓄热装置补水点、排水点；	可再生能源、水
		12.光伏及电池接入建筑接口； 13.地源热泵水泵； 14.太阳能光热水系统水泵； 15.各类温度、压力、流量传感器；	可再生能源、电
		16.太阳能热水、光伏安装，管道布置； 17.地埋管钻孔及管道布置； 18.地下水源热泵成井及管道布置	可再生能源

第2章 技术措施

2.1 建筑规划设计

2.1.1 场地规划设计

1. 技术简介

场地规划设计应有利于营造适宜的微气候。应充分利用地域气候特征和有利的场地条件，遵循被动优先和提升主动式能源系统能效的策略，利用可再生能源对建筑能源消耗进行补充和替代，实现超低能耗目标。

2. 适用范围

适用于四川省城镇规划区内新建、改建和扩建的居住建筑及办公建筑的建筑节能设计。

3. 技术要点

场地规划设计应当充分考虑周边环境因素。

（1）夏季增强自然通风，缓解热岛效应；冬季增加日照，避免冷风对建筑的不利影响。

（2）合理利用场地周边环境和建筑布局等有利条件，营造良好的场地内声光热环境，如夏季利用高楼风营造良好的场地风环境；利用建筑遮挡或种植林减小场地外噪声的不利影响。

（3）场地内建筑的主朝向宜为南北朝向，同时根据地形地势进行适应性调整，避免或减少场地外地形或建筑对场地内采光及通风造成较大影响，主入口宜避开冬季主导风向。

（4）应通过优化场地总体规划布局，合理选择和利用景观、生态绿化等措施营造良好的微气候。

2.1.2 总体布局

1. 技术简介

总体布局应有利于营造适宜的微气候。应通过优化建筑空间布局，合理选择和利用景观、生态绿化等措施，夏季增强自然通风、减少热岛效应，增加冬季日照，减少冷风渗透。

2. 适用范围

适用于四川省城镇规划区内新建、改建和扩建的居住建筑及办公建筑的建筑节能设计。

3. 技术要点

（1）总体布局应以本指南的室内环境参数和能效指标要求为依据，对总体布局的热环境、风环境、光环境及景观、绿化等进行气候适应性设计。

（2）总体布局应遵循夏季引风冬季防风的原则。总体布局应有利于夏季室外风环境的营造，风向角以45°为宜，控制在30°～60°。结合文丘里效应、烟囱效应、伯努利效应，采用底层架空、通风塔、捕风墙等设计策略强化自然通风。应避开冬季主导风向，增加日照，避免形成高楼风、过强角气流等不利风环境。可在冬季主导风向设置缓冲区降低其对场地内建筑及微气候的影响。

（3）场地出入口布置应遵循夏季引风、冬季防风的原则，利于形成良好的微气候环境。

（4）总体布局适当考虑场地遮阳、建筑互遮阳和建筑自遮阳。合理布置水体、绿化等空间构成要素，充分利用场地植被和水体的冷岛效应。

（5）场地绿化应采用复合绿化，屋面及外墙宜采用立体绿化。场地地面宜采用透水铺装，减少硬质或透水率低的铺装比例，合理搭配铺装材料的色度及质感，减少地面辐射热，降低热岛效应。

（6）建筑布局应充分利用自然采光，建筑日照间距和容积率须符合国家和地方的相关标准，同时，应避免室内摄入过多太阳辐射热。

2.1.3 建筑单体设计

建筑单体设计应根据建筑功能和环境资源条件，以气候环境适应性为原则，以降低建筑供暖年耗热量和供冷年耗冷量为目标，充分利用天然采光、自然通风以及围护结构保温隔热等被动式建筑设计手段降低建筑的用能需求。

2.1.3.1 建筑单体室外设计

1. 技术简介

建筑室外设计应利用洞口引导自然通风、围护结构保温隔热以及太阳能利用装置等措施降低建筑的用能需求。

2. 适用范围

适用于四川省城镇规划区内新建、改建和扩建的居住建筑及办公建筑的建筑节能设计。

3. 技术要点

（1）应采用简洁的造型、适宜的体形系数和窗墙比、较小的屋顶透光面积比例。建筑外表面在满足性能的基础上宜采用环保建材，同时满足所在地区风貌标准。建筑进深选择应考虑天然采光效果。

（2）建筑室外设计应采用高性能的建筑保温隔热系统及门窗系统，相关要求和选型宜符合《近零能耗建筑技术标准》（GB T51350—2019）附录 C 和附录 D 的规定。

（3）外墙洞口设计应利于夏季室内风环境的营造，通过对建筑内外洞口、公共空间或交通空间、中庭等系统化设计，形成穿堂风或烟囱效应，强化自然通风。

（4）建筑遮阳设计应根据房间的使用要求、窗口朝向及建筑安全性综合考虑。

（5）建筑设计宜采用建筑光伏一体化系统。

2.1.3.2　建筑朝向

1. 技术简介

建筑物的朝向是指建筑物正立面墙面的法线与正南方向间的夹角。

2. 适用范围

适用于四川省城镇规划区内新建、改建和扩建的居住建筑及办公建筑的建筑节能设计。

3. 技术要点

建筑朝向应使建筑增加冬季日照，避开冬季主导风向，减少夏季过量太阳辐射得热。对于四川省来说，需要根据当地的地理、气候综合考虑。

（1）川东北地区建筑主体朝向宜在南偏东 10°至南偏西 10°范围内，不宜超出南偏东 20°至南偏西 15°。

（2）川西北地区建筑主体朝向宜在南偏东 30°至南偏西 20°范围内，不宜超出南偏东 45°至南偏西 40°。

（3）川南地区建筑主体朝向宜在南偏东 20°至南偏西 10°范围内，不宜超出南偏东 35°至南偏西 30°。

（4）川西地区建筑主体朝向宜在南偏东 10°至南偏西 5°范围内，不宜超出南偏东 35°至南偏西 30°。

2.1.3.3　建筑体形设计

1. 技术简介

建筑体形系数反映单位建筑空间的热散失面积大小。从面积因素考虑，合理选择传热面积，使建筑物的外围护部分接受的冷、热量最少，从而减少冬季的热损失与夏季的冷损失。

2. 适用范围

适用于四川省城镇规划区内新建、改建和扩建的居住建筑及办公建筑的建筑节能设计。

3. 技术要点

（1）四川省居住建筑和办公建筑的体形系数不应大于表 1-3 规定的限值。当体形系数大于表 1-3 规定的限值时，应以室内环境参数及能效指标为约束性指标进行权衡判断。

（2）超低能耗建筑的体形应以体形系数大小及南墙面的集热面积足够大来评价。

2.1.3.4 建筑空间节能设计

1. 技术简介

应从热利用、采光和通风角度进行合理的平面和空间节能设计，创造良好的热湿环境，降低空调及照明能耗，减少冷热损失。

2. 适用范围

适用于四川省城镇规划区内新建、改建和扩建的居住建筑及办公建筑的建筑节能设计。

3. 技术要点

（1）主要功能空间设置于南向或东南向，热环境要求低的辅助空间置于北面，且适当减少北墙开窗面积。沿西向或东向布置缓冲区。

（2）合理组织平面功能布局和洞口设计，同时考虑竖向通风与采光，利于夏季形成穿堂风，增加室内自然采光，避免单侧通风。体量或进深较大的建筑仅采用外窗难以满足自然采光和自然通风要求时，可设置中庭或天井，或使建筑平面、剖面呈阶梯状，并通过烟囱效应强化通风。

（3）可在外窗上设置导光板加强室内的自然采光，导光板材质宜为浅色反光金属板。地下空间设置导光管和反光装置，引入自然光，或设置下沉庭院、天井、天窗等。

2.1.3.5 遮阳设计

1. 技术简介

建筑遮阳设计可以有效防止过多太阳辐射热进入室内，防止眩光。合理的建筑遮阳设计是改善夏季室内热舒适状况和降低建筑物能耗的重要因素。

2. 适用范围

适用于四川省城镇规划区内新建、改建和扩建的居住建筑及办公建筑的建筑节能设计。

3. 技术要点

（1）遮阳设计应根据房间的使用要求、窗口朝向及建筑安全性综合考虑。

（2）在夏热冬冷地区，宜采用活动式遮阳；在寒冷地区，对于夏季的遮阳措施要兼顾考虑不能阻挡冬季对太阳热能的利用，宜采取如竹帘、软百叶、布篷等可拆除的遮阳措施。

（3）遮阳设计可以采用场地遮阳、建筑互遮阳、建筑自遮阳和构件遮阳等方式。可通过突出或独立外立面装饰构造等进行建筑遮阳，可在外部利用植被进行建筑遮阳，可通过结构构件进行遮阳，也可利用建筑形体进行自遮阳或互遮阳。

（4）南向宜采用可调节外遮阳、可调节中置遮阳或水平固定外遮阳的方式。东南或西南向宜采用垂直遮阳设施。东向和西向外窗宜采用可调节遮阳设施。可采用可调节或固定等遮阳措施，也可采用可调节太阳得热系数的调光玻璃进行遮阳。

2.1.4　本节相关标准、规范及图集

《近零能耗建筑技术标准》（GB/T 51350—2019）

《绿色建筑评价标准》（GB/T 50378—2019）

《民用建筑绿色设计规范》（JGJ/T 229—2010）

《民用建筑设计统一标准》（GB 50352—2019）

《公共建筑节能设计标准》（GB 50189—2015）

《严寒和寒冷地区居住建筑节能设计标准》（JGJ 26—2018）

《夏热冬冷地区居住建筑节能设计标准》（JGJ134—2010）

《温和地区居住建筑节能设计标准》（JGJ 475—2019）

《四川省公共建筑节能设计标准》（DBJ51/143—2020）

《四川省居住建筑节能设计标准》（DB51/5027—2019）

《建筑遮阳工程技术规范》（JGJ237—2011）

《建筑遮阳通用技术要求》（JG/T274—2018）

《民用建筑热工设计规范》（GB 50176—2016）

《民用建筑能耗标准》（GB/T 51161—2016）

《建筑节能与可再生能源利用通用规范》（GB 55015—2021）

《夏热冬冷地区居住建筑节能设计标准》（JGJ 134—2016）

《深圳市超低能耗建筑技术导则》

2.2　建筑围护结构热工设计

2.2.1　围护结构保温与节能设计

1. 技术简介

超低能耗建筑应满足本指南技术指标的约束条件，设计围护结构性能指标作为引导性技术措施。

2. 适用范围

适用于四川省城镇规划区内新建、改建和扩建的居住建筑及办公建筑的超低能耗建筑设计。

3. 技术要点

（1）全省建筑热工分区分为：严寒地区、寒冷地区、夏热冬冷地区、温和地区。

（2）居住建筑、办公建筑围护结构热工性能限值应满足国家及四川省节能设计相关标准要求，宜按照本指南性能指标设计。

（3）外门窗气密性能应符合下列规定：

① 外窗气密性能不宜低于 8 级。

② 外门、分隔供暖空间与非供暖空间的户门气密性能不宜低于 6 级。

③ 建筑围护结构气密层应连续并包围整个外围护结构，建筑设计施工图中应明确标注气密层的位置。

④ 围护结构设计时，应进行气密性专项设计。

⑤ 建筑设计应选用气密性等级高的外门窗，外门窗与门窗洞口之间的缝隙应做气密性处理。

⑥ 气密层设计应依托密闭的围护结构层，并应选择适用的气密性材料。

⑦ 围护结构洞口、电线盒、管线贯穿处等易发生气密性问题的部位应进行节点设计，并应对气密性措施进行详细说明；穿透气密层的电力管线等宜采用预埋穿线管等方式，不应采用桥架敷设方式。

⑧ 不同围护结构的交界处以及排风等设备与围护结构交界处应进行密封节点设计，并应对气密性措施进行详细说明。

（4）超低能耗建筑应选用保温隔热性能更好的外门窗系统。外窗（透明幕墙）的传热系数（K）、太阳得热系数（SHGC）、窗框的传热等可根据四川省气候特点，通过性能化方法进行优化设计和选择。

（5）超低能耗建筑的外门窗应有良好的气密、水密及抗风压性能。

2.2.2 围护结构受潮预防和控制

1. 技术简介

围护结构内表面及内部应经过冷凝受潮验算。围护结构中的热桥部位应进行表面结露验算，并应采取保温措施，确保热桥内表面温度高于房间空气露点温度。

2. 适用范围

适用于四川省城镇规划区内新建、改建和扩建的居住建筑及办公建筑的超低能耗建筑设计。

3. 技术要点

（1）提高热桥部位热阻，确保热桥和平壁的保温材料连续。

（2）采用多层围护结构时，宜将蒸气渗透阻较大的密实材料布置在内侧，将蒸气渗透阻较小的材料布置在外侧。

（3）室内空气湿度不宜过高，地面、外墙表面温度不宜过低。

（4）外侧有密实保护层或防水层的多层围护结构，经内部冷凝受潮验算而必须设置隔汽层时，应在围护结构的高温侧设隔汽层，并严格控制保温层的施工湿度，或采用预制板状或块状保温材料，避免湿法施工和雨天施工，并保证隔汽层的施工质量。对于卷材防水屋面，应有与室外空气相通的排湿措施。

（5）外侧有卷材或其他密闭防水层，内侧为钢筋混凝土屋面板的平屋顶结构，如经内部冷凝受潮验算不需设隔汽层，则应确保屋面板及其接缝的密实性，达到所需的蒸气渗透阻。

（6）与室外雨水或土壤接触的围护结构应设置防水（潮）层。

2.2.3　围护结构隔热与节能设计

1. 技术简介

围护结构内表面应经过隔热验算，并满足现行《民用建筑热工设计规范》（GB 50176）的要求。

2. 适用范围

适用于四川省城镇规划区内新建、改建和扩建的居住建筑及办公建筑的超低能耗建筑设计。

3. 技术要点

（1）外墙和屋面的外表面应采用浅色饰面或隔热反射涂料，减少外墙和屋面吸收太阳辐射热量。

（2）外墙、屋面隔热除了采用常用的保温材料进行隔热，还可采取屋面水平绿化和墙面垂直绿化、淋水被动蒸发屋面和墙面、架空通风屋面或墙体等方式。

（3）提高围护结构热惰性指标。

（4）门窗洞口尺寸应符合现行国家标准《建筑门窗洞口尺寸系列》（GB/T 5824）规定的建筑门洞口尺寸和窗洞口尺寸，并应优先选用现行国家标准《建筑门窗洞口尺寸协调要求》（GB/T 30591）规定的常用标准规格的门、窗洞口尺寸。

（5）选择外窗和遮阳装置性能时，应综合考虑夏季遮阳、冬季得热以及天然采光的需求。

2.2.4　热桥处理

1. 技术简介

建筑围护结构设计时，应进行消除或削弱热桥的专项设计。

2. 适用范围

适用于四川省城镇规划区内新建、改建和扩建的居住建筑及办公建筑的超低能耗建筑设计。

3. 技术要点

（1）外墙热桥处理应符合下列规定：

①结构性悬挑、延伸等宜采用与主体结构部分断开的方式。

②外墙保温为单层保温时，宜采用锁扣方式连接；为双层保温时，应采用错缝黏结方式。

③墙角处宜采用成型保温构件。

④ 保温层采用锚栓时，应采用断热桥锚栓固定。

⑤ 应避免在外墙上固定导轨、龙骨、支架等可能导致热桥的部件。确需固定时，应在外墙上预埋断热桥的锚固件，并宜采用减少接触面积、增加隔热间层及使用非金属材料等措施降低传热损失。

⑥ 穿墙管预留孔洞直径宜大于管径 100 mm 以上。墙体结构或套管与管道之间应填充保温材料。

（2）外门窗及其遮阳设施热桥处理应符合下列规定：

① 外门窗安装方式应根据墙体的构造方式进行优化设计。当墙体采用外保温系统时，外门窗可采用整体外挂式安装，门窗框内表面宜与基层墙体外表面齐平，门窗位于外墙外保温层内。装配式夹心保温外墙，外门窗宜采用内嵌式安装方式。外门窗与基层墙体的连接件应采用阻断热桥的处理措施。

② 外门窗外表面与基层墙体的连接处宜采用防水透气材料密封，门窗内表面与基层墙体的连接处应采用气密性材料密封。

③ 窗户外遮阳设计应与主体建筑结构可靠连接，连接件与基层墙体之间应采取阻断热桥的处理措施。

（3）屋面热桥处理应符合下列规定：

① 屋面保温层应与外墙的保温层连续，不得出现结构性热桥；当采用分层保温材料时，应分层错缝铺贴，各层之间应有黏结。

② 屋面保温层靠近室外一侧应设置防水层；屋面结构层上、保温层下应设置隔汽层；屋面隔汽层设计及排气构造设计应符合现行国家标准《屋面工程技术规范》（GB 50345）的规定。

③ 女儿墙等突出屋面的结构体，其保温层应与屋面、墙面保温层连续，不得出现结构性热桥。女儿墙、土建风道出风口等薄弱环节，宜设置金属盖板，以提高其耐久性，金属盖板与结构连接部位，应采取避免热桥的措施。

④ 穿屋面管道的预留洞口宜大于管道外径 100 mm 以上。伸出屋面外的管道应设置套管进行保护，套管与管道间应填充保温材料。

⑤ 落水管的预留洞口宜大于管道外径 100 mm 以上，落水管与女儿墙之间的空隙宜使用发泡聚氨酯进行填充。

（4）地下室和地面热桥处理应符合下列规定：

① 地下室外墙外侧保温层应与地上部分保温层连续，并应采用吸水率低的保温材料；地下室外墙外侧保温层应延伸到地下冻土层以下，或完全包裹住地下结构部分，地下室外墙外侧保温层内部和外部宜分别设置一道防水层，防水层应延伸至室外地面以上适当距离。

② 无地下室时，地面保温与外墙保温应连续、无热桥。

2.2.5 本节相关标准、规范及图集

《近零能耗建筑技术标准》（GB/T 51350—2019）

《民用建筑热工设计规范》（GB 50176—2016）

《建筑节能与可再生能源利用通用规范》（GB 55015—2021）

《公共建筑节能设计标准》（GB 50189—2015）

《民用建筑能耗标准》（GB/T 51161—2016）

《严寒和寒冷地区居住建筑节能设计标准》（JGJ 26　2010）

《夏热冬冷地区居住建筑节能设计标准》（JGJ 134—2016）

《温和地区居住建筑节能设计标准》（JGJ 475—2019）

《四川省公共建筑节能设计标准》（DBJ51/143—2020）

《四川省居住建筑节能设计标准》（DB51/5027—2019）

《深圳市超低能耗建筑技术导则》

2.3 建筑节材设计

2.3.1 设计原则

超低能耗各项技术的运用，使得建筑在运营阶段能源消耗得到了有效控制。然而建筑在物化阶段（包括建筑材料生产、运输及施工等阶段）的资源消耗仍是一个突出问题，在此阶段建筑结构主体材料、围护结构材料用量影响最大。因此，采用切实有效的方式减少材料用量、提高结构使用效率，成为建筑生产阶段降低能耗的首要任务。具体而言有两种方式，即：在结构性能一致的情况下，材料用量最低；或在材料用量一致的情况下，结构的某项或多项性能得到提升。

节材方式主要体现在两个方面：一是在建筑材料的选用方面多下功夫，如主体结构大力采用高强、高耐久性材料，围护结构多选用绿色建材；二是注重结构选型上的合理性，包括工程选址、地基基础形式及上部结构体系等方面。

2.3.2 材料选用

2.3.2.1 高强混凝土

1. 技术简介

《绿色建筑评价标准》（GB/T 50378—2019）中将强度等级不小于 50 MPa 的混凝土定义为高强混凝土。目前在实验室已可以配置 1000 MPa 以上的混凝土，在工程实践中混凝土的强度也可以达到 100 MPa 以上。近年来，国内至少有 50 余座高度超过 100 m 的超高层建筑应用了高强混凝土。采用高强混凝土具有显著的经济意义。用 60 MPa 的高强混凝土代替 30～40 MPa 混凝土，可节约混凝土用量 40%，节约钢材 39%左右，降低钢材造价 20%～35%。另有资料介绍，混凝土强度由 40 MPa 提高到 80 MPa，由于结构截面减小，可使混凝土体积缩小 1/3。

2. 适用范围

适用于高层建筑（从经济性方面考虑，一般大于 6 层）、大跨屋盖建筑、处于侵蚀环境下的建筑物或构筑物。

3. 技术要点

（1）技术指标。

《绿色建筑评价标准》（GB/T 50378—2019）第 7.2.15 条规定：对于混凝土结构建筑，混凝土竖向承重结构采用强度等级不小于 C50 混凝土用量占竖向承重结构中混凝土总量的比例达到 50%，得 5 分。

（2）设计要点。

① 高强混凝土强度标准值。

《混凝土结构设计规范》[（GB 50010—2010）（2015 年版）]对高强混凝土强度标准值有具体要求。

② 高强度混凝土原料。

配置高强混凝土宜选用强度等级不低于 52.5 级的硅酸盐水泥和普通硅酸盐水泥。对于 C50 混凝土，必要时也可采用 42.5 级硅酸盐水泥和普通硅酸盐水泥。

③ 高强混凝土配合比设计。

高强混凝土的配合比，应根据施工工艺要求的拌合物工作性和结构设计要求的强度，充分考虑施工运输和环境温度等条件进行设计，通过试配并现场试验确认满足要求后方可正式使用。

高强混凝土的配合比应有利于减少温度收缩、干燥收缩、自身收缩引起的体积变形，避免早期开裂。对处于有侵蚀性作用介质环境的结构物，所用高强混凝土的配合比应考虑耐久性的要求。

混凝土的配制强度必须大于设计要求的强度标准值，以满足强度保证率的要求，超出的数值应根据混凝土强度标准差确定。当缺乏可靠的强度统计数据时，C50 和 C60 混凝土的配制强度不低于强度等级值的 1.15 倍，C70 和 C80 混凝土的配制强度应不低于强度等级值的 1.12 倍。

④ 高强度混凝土泵送。

泵送的高强混凝土宜采用集中预拌混凝土，也可在现场设搅拌站供应，不得采用手工搅拌。高强混凝土泵送施工时，应根据施工进度，加强组织计划和现场联络调度，确保连续均匀供料。

2.3.2.2　高强度钢

1. 技术简介

目前，我国建筑结构的主要形式为钢筋混凝土结构。钢筋混凝土结构中钢筋和混凝土的性能直接决定了建筑耗材的水平。相比于 HRB335 钢筋，以 HRB400 钢筋为代表的高强钢筋具有强度高、韧性好和焊接性能优良等特点，应用于建筑结构中具有明显的技术经济性能优势。

绿色建筑对高强度钢从两个方面提出要求：高强度钢筋、高强度钢材。高强度钢筋是指 400 MPa 级及以上的钢筋，包括 HRB400（热轧带肋钢筋、三级螺纹钢，屈服强度标准值 400 MPa）、HRB500、HRBF400、HRBF500 等钢筋。高强度钢材指 Q355 及以上钢材，即屈服强度大于 355 MPa 的钢材。

相对于普通钢材，钢结构采用高强度钢材具有以下优势：能够减小构件尺寸和结构重量，相应地减小焊接工作量和焊接材料用量，减少各种涂层（防锈、防火等）的重量及其施工工作量，使得运输安全更加容易，降低钢结构的加工、制作和安装成本；在建筑物使用方面，减小构件尺寸能创造更大的使用净空间；特别是，能够减小所需板的厚度，从而相应减小焊缝厚度，改善焊缝质量，提高结构疲劳使用寿命。采用高强度钢材，有利于可持续发展战略和保护环境基本国策的实施。

2. 适用范围

适用于所有钢结构、钢筋混凝土结构及混合结构建筑，特别适用于大跨度公共建筑、体育场馆、高层建筑、塔桅结构、桥梁等工程。

3. 技术要点

（1）技术指标。

对于混凝土结构建筑，《绿色建筑评价标准》（GB/T 50378—2019）第 7.2.15 条规定：400 MPa 级及以上强度等级钢筋应用比例达到 85%，得 5 分。

对于钢结构建筑，《绿色建筑评价标准》（GB/T 50378—2019）第 7.2.15 条规定：Q345 及以上高强钢材用量占钢材总量的比例达到 50%，得 3 分；达到 70%，得 4 分。

对于混合结构，对其混凝土结构部分、钢结构部分，分别按《绿色建筑评价标准》（GB/T 50378—2019）第 7.2.15 条第 1 款、第 2 款进行评价，得分取各项得分的平均值。

（2）设计要点。

① 钢筋强度要求。钢筋的强度标准值应具有不小于 95% 的保证率，钢筋的力学性能应满足《混凝土结构设计规范》（GB 50010—2010）（2015 年版）相关要求。

② 钢材强度要求。钢材的力学性能应满足《低合金高强度结构钢》（GB/T 1591—2018）相关要求。

2.3.2.3 高耐久性材料

1. 技术简介

建筑材料的耐久性指用于建筑物的材料，在环境的多种因素作用下不变质、不破坏、长久地保持其使用性能的能力。耐久性是材料的一种综合性质，例如抗冻性、抗风化性、抗老化性、耐化学腐蚀性均属于耐久性范畴。

高耐久性建筑材料一般包括高耐久性混凝土、耐候钢、耐候型防腐涂料等。

高耐久性混凝土指在满足设计要求的条件下，性能不低于行业标准《混凝土耐久性检验评定标准》（JGJ/T 193—2009）中抗硫酸盐侵蚀等级 KS90、抗氯离子渗透性能、抗碳化性能及早期抗裂性能Ⅲ级的混凝土。其各项性能的检测与试验方法应符合《普通混凝土长期性能和耐久性能试验方法标准》（GB/T 50082—2009）的规定。耐候结构钢须符合现行国家标准《耐候结构钢》（GB/T 4171—2008）的要求。耐候型防腐涂料须符合行业标准《建筑用钢结构防腐涂料》（JG/T 224—2007）中Ⅱ型面漆和长效型底漆的要求。

2. 适用范围

适用于沿海地区、寒冷地区、水下建筑及有特殊耐久性需要的建筑工程等。

3. 技术要点

（1）技术指标。

《绿色建筑评价标准》（GB/T 50378—2019）第4.2.8条规定：采用耐久性能好的建筑结构材料，评价分值为10分。对于混凝土构件，采用高耐久混凝土；对于钢构件，采用耐候结构钢及耐候型防腐涂料。

（2）设计要点。

① 高耐久性混凝土。

行业标准《混凝土耐久性检验评定标准》（JGJ/T 193—2009）中规定了高耐久性混凝土的相关性能指标，包括抗冻性、抗水渗透性能、抗硫酸盐侵蚀性能、抗氯离子渗透性能、抗碳化性能和早期抗裂性能。

② 耐候结构钢和防腐涂料。

耐候结构钢需符合现行国家标准《耐候结构钢》（GB/T 4171—2008）中对钢材力学性能和工艺性能的要求，包括下屈服强度、抗拉强度、断后伸长率、180°弯曲试验弯心直径。

耐候型防腐涂料须符合现行行业标准《建筑用钢结构防腐涂料》（JG/T 224—2007）中Ⅱ型面漆和长效型底漆的要求，如Ⅱ型面漆的耐酸性为168 h无异常，耐盐水性为240 h无异常，耐盐雾性为1000 h不起泡、不脱落等。

2.3.2.4 可再循环建材、可再利用建材

1. 技术简介

根据《循环再生建筑材料流通技术规范》（SB/T 10904—2012），循环再生建筑材料指由废弃建（构）筑物、废弃建筑材料经回收、再加工后为主要原材料生产加工而成的建筑材料。

可再循环建筑材料是指已经无法进行再利用的产品通过改变其物质形态，生产成为另一种材料，使其能多次循环利用的材料。如果原貌形态的建筑材料或制品不能直接回用在建筑工程中，但可经过破碎、回炉等专门工艺加工形成再生原材料，用于替代传统形式的原生原材料生产出新的建筑材料，此类建材可视为可再循环建筑材料，例如钢筋、钢材、铜、铝合金型材、玻璃等。充分使用可再利用和可再循环的建筑材料可以减少生产加工新材料带来的资源、能源消耗和环境污染，充分发挥建筑材料的循环利用价值，对于建筑的可持续性具有非常重要的意义，具有良好的经济和社会效益。

可再利用建筑材料是指基本不改变旧建筑材料或制品的原貌，仅对其进行适当清洁或修整等简单工序后经过性能检测合格，直接回用于建筑工程的建筑材料。可再利用建

筑材料一般是指制品、部品或型材形式的建筑材料。合理使用可再利用建筑材料，可延长仍具有使用价值的建筑材料的使用周期，降低材料生产的资源、能源消耗和材料运输对环境造成的影响。可再利用材料包括从旧建筑拆除的材料以及从其他场所回收的旧建筑材料，如砌块、砖石、管道、板材、木地板、木制品（门窗）、钢材、钢筋、部分装饰材料等。

建筑工程项目施工往往需要大量木材资源，对建筑物上拆卸所获较好质量且完整保存的废旧木材，可以通过简单分类以不同市场需求为依据，将材料反复利用，还可以运用独特设计方法，在室外、室内装修中运用废旧木材。

建筑物拆除、路面翻修、混凝土生产、工程施工产生的废弃混凝土经过破碎、分选、加工后制成再生骨料，按一定比例替代天然骨料可制备再生混凝土。《再生混凝土应用技术规程》（DG/T J08-2018—2007）中规范了再生混凝土及其制品的生产，以及多层房屋结构工程和道路工程中再生混凝土的设计和施工，对房屋结构和道路工程用再生混凝土，在有充分试验依据的情况下，再生粗集料的取代率可放宽，但不宜超过 50%。《再生混凝土结构技术标准》（JGJ/T 443—2018）规范再生混凝土在建筑结构中的应用，保证再生混凝土结构安全。

2. 适用范围

适用于各类民用建筑，可再循环材料在使用前需通过材料性能的检测，应达到新建筑对建筑材料性能指标要求，且建筑废弃物性能差异大，部分废弃物回收利用成本高，不予回收。

3. 技术要点

（1）技术指标。

性能较差的废混凝土不可回收，如轻集料混凝土、有严重的碱-集料反应的混凝土及产生冻融破坏的混凝土；有害物质含量超标的废混凝土不可回收；受到严重污染的废混凝土不可回收，如沿海港口工程混凝土、核电站混凝土等。

《绿色建筑评价标准》（GB/T 50378—2019）第 7.2.17 规定：对于住宅建筑，建筑中的可再利用材料和可再循环材料用量的比例，住宅建筑达到 6%或公共建筑达到 10%，得3 分；住宅建筑达到 10%或公共建筑达到 15%，得 6 分。

（2）设计要点。

《再生混凝土应用技术规程》（DG/T J08-2018—2007）规定了配制再生混凝土所用的各种水泥、再生粗、细集料、水应分别符合国家现行有关标准，选用的掺合料应使再生混凝土达到预定改善性能的要求或在满足要求的前提下取代水泥。所用外加剂质量必须符合国家标准的有关规定，并检验其氯化物、硫酸盐等有害物质的含量，经试验验证确定对混凝土无害影响，方可使用。

常见建筑材料分类：在建筑工程中所用到的建材可分为不可循环材料和可再循环材料，见表 2-1。

表 2-1　建筑材料分类

序号	不可循环材料	可再循环材料
1	混凝土	钢材
2	建筑砂浆	铜
3	水泥	木材
4	乳胶漆	铝合金型材
5	屋面卷材	石膏制品
6	石材	门窗玻璃
7	砌块	玻璃幕墙

设计过程中应尽量选用可再循环的建筑材料和含有可再循环材料的建筑制品，如：利用包装材料、聚苯乙烯（PS）再循环制造的 HB（环保）复合板，可用来代替传统木材使用；或采用碎玻璃为主要原料生产出的玻晶砖，代替传统的石材或陶瓷面砖。此外，在材料的选择和使用时，需注意可再循环材料的安全和环境污染问题。

2.3.2.5　利废建材

1. 技术简介

《绿色建筑评价标准》（GB/T 50378—2019）中定义利废建材为"以废弃物为原料生产的建筑材料"，是指在满足安全和使用性能的前提下，使用废弃物等作为原材料生产出的建筑材料。废弃物是指在生产建设、日常生活和其他社会活动中产生的，在一定时间和空间范围内基本或者完全失去原有使用功能，无法直接回收和利用的排放物。

废弃物主要包括建筑废弃物、工业废弃物和生活废弃物，可作为原材料用于生产建材产品。在满足使用性能要求的前提下，鼓励使用和利用建筑废弃物再生骨料制作的混凝土砌块、水泥制品和配制再生混凝土；鼓励使用和利用工业废弃物、农作物秸秆、建筑垃圾、淤泥为原料制作的水泥、混凝土、墙体材料、保温材料等建筑材料，例如，建筑中使用石膏砌块作内隔墙材料，其中以石膏（脱硫石膏、磷石膏等）制作石膏砌块；鼓励使用生活废弃物经处理后制成满足相应的国家和行业标准要求的建筑材料，工业废弃物在水泥中作为调凝剂应用。经脱水处理的脱硫石膏、磷石膏等可替代天然石膏生产水泥。高炉矿渣、粉煤灰、火山灰质混合材料，以及固硫灰渣、油母页岩灰渣等固体废弃物活性高，可作为水泥的混合材料。

2. 适用范围

适用于各类民用建筑。

3. 技术要点

（1）技术指标。

《绿色建筑评价标准》（GB/T 50378—2019）第 7.2.17 条规定：采用一种利废建材，其占同类建材的用量比例不低于 50%，得 3 分；采用两种及以上的利废建材，每一种占同类建材的用量比例均不低于 30%，得 6 分。

（2）设计要点。

建筑工程中使用以废弃物为原料生产的建筑材料，其废弃物掺量（质量比）应不低于生产该建筑材料全部原材料质量的 30%。为保证废弃物使用量达到一定要求，要求以废弃物为原料生产的建筑材料用量占同类建筑材料的比例不小于 30%，并应满足相应的国家和行业标准的要求方能使用。

2.3.2.6　绿色建材

1. 技术简介

绿色建材指在全寿命期内可减少对资源的消耗、减轻对生态环境的影响，具有节能、减排、安全、健康、便利和可循环特征的建材产品。

中国建材联合会提出，绿色建筑材料定义是指在原料的选用、开采加工、产品制造、产品应用过程中，能够有效利用废弃物，少用天然资源和能源，资源可循环再利用的，不仅性能功能符合建筑物等配置的要求，而且全生命期内与生态环境和谐，对人类健康无害的建筑材料。绿色建筑材料具有节能、环保、低碳、安全、可循环、长寿命的特征；生产工艺和生产使用过程中贯彻清洁文明、净化环境的特征；充分利用废弃物，减少天然资源和能源消耗，具有可循环再利用的特征；具有低排放、无污染、无毒害、与生态和谐的特征；满足绿色建筑和其他应用领域配置要求，有利于改善和提升人类生产生活水平的发展进步特征。

建筑材料是建筑主体的基础，也是建筑物碳排放以及环境负荷的主要组成部分。因此选用绿色建材可以降低建筑材料生产、使用过程中的资源消耗和碳排放。

根据绿色建材的特点，从能耗角度可以将其大致分为以下 4 类：

节省能源和资源型：在生产过程中，能够明显地降低对传统能源和资源消耗的产品。生产中常用的方法有采用免烧或者低温合成，以及提高热效率、降低热损失和充分利用原料等新工艺、新技术和新型设备，也有采用新开发的原材料和新型清洁能源来生产产品的。这类建材是从生产过程工艺方面降低能耗。

环保利废型：在建材行业中利用新工艺、新技术，对其他工业生产的废弃物或者经过无害化处理的人类生活垃圾加以利用而生产出的建材产品。例如：使用工业废渣或者生活垃圾生产水泥，使用电厂粉煤灰等工业废弃物生产墙体材料等。这类建材是从生产原料来源角度减少能耗。

特殊环境型：能够适应恶劣环境需要的特殊功能的建材产品，如能够适用于海洋、江河、地下、沙漠、沼泽等特殊环境的建材产品。这类产品通常具有超高的强度、抗腐蚀、耐久性能好等特点。产品寿命的延长和功能的改善，都是对资源的节省和对环境的改善。这类建材是从材料使用过程的全寿命周期角度降低能耗。

安全舒适型：具有轻质、高强、防水、保温、隔热、隔音、调温、调光、无毒、无害等性能的建材产品。这类建材是从材料对环境的影响角度减少能耗。

2. 适用范围

适用于各类民用建筑。

3. 技术要点

（1）技术指标。

《绿色建筑评价标准》（GB/T 50378—2019）第 7.2.18 规定：选用绿色建材，评价总分值为 12 分。绿色建材应用比例不低于 30%，得 4 分；不低于 50%，得 8 分；不低于 70%，得 12 分。

（2）设计要点。

为加快绿色建材推广应用，更好地支撑绿色建筑发展，依据住房和城乡建设部、工业和信息化部出台的《绿色建材评价标识管理办法》《促进绿色建材生产和应用行动方案》等一系列文件。绿色建材应用比例应根据下式计算，并按表 2-2 中确定得分。

$$P = \left[(S_1 + S_2 + S_3 + S_4) / 100 \right] \times 100\%$$

式中：P——绿色建材应用比例；

S_1——主体结构材料指标实际得分值；

S_2——围护墙和内隔墙指标实际得分值；

S_3——装修指标实际得分值；

S_4——其他指标实际得分值；

表 2-2　绿色建材应用比例计算

计算项		计算要求	计算单位	计算得分
主体结构	预拌混凝土	$80\% \leqslant P_s \leqslant 100\%$	m³	10 ~ 20*
	预拌砂浆	$50\% \leqslant P_s \leqslant 100\%$	m³	5 ~ 10*
围护墙和内隔墙	非承重围护墙	$P_s \geqslant 80\%$	m³	10
	内隔墙	$P_s \geqslant 80\%$	m³	5
装修	外墙装饰面层涂料、面砖、废玻璃幕墙板等	$P_s \geqslant 80\%$	m²	5
	内墙装饰面层涂料、面砖、壁纸等	$P_s \geqslant 80\%$	m²	5
	室内顶棚装饰面层涂料、吊顶等	$P_s \geqslant 80\%$	m²	5
	室内地面装饰面层木地板、面砖等	$P_s \geqslant 80\%$	m²	5
	门窗、玻璃	$P_s \geqslant 80\%$	m²	5
其他	保温材料	$P_s \geqslant 80\%$	m²	5
	卫生洁具	$P_s \geqslant 80\%$	具	5
	防水材料	$P_s \geqslant 80\%$	m²	5
	密封材料	$P_s \geqslant 80\%$	kg	5
	其他	$P_s \geqslant 80\%$	—	5

注：①表中带"*"项的分值采用"内插法"计算，计算结果取小数点后 1 位。

②预拌混凝土应包含预制部品部件的混凝土用量；预拌砂浆应包含预制部品部件的砂浆用量；围护墙、内隔墙采用预制构件时，计入相应体积计算；结构保温装修等一体化构件分别计入相应的墙体、装修、保温、防水材料计算公式进行计算。

2.3.2.7 土建装修一体化技术

1. 技术简介

土建装修一体化技术，是指在实际建筑工程项目中，设计阶段土建和装修设计协调配合一次完成，施工阶段土建、装修施工一步到位的技术。该技术的运用可大幅缩短项目的工期，并实现节约资源、降低能耗的目的。

目前，我国建筑业普遍实行土建竣工验收和装修竣工验收分离的状态。土建验收时，装修基本处于毛坯房阶段；而装修进场后会对土建的墙体、设备管线等进行大幅度改造，这造成了大量无谓的资源消耗和浪费。另外，装修设计通常情况下大幅滞后于土建设计，很多情况下设计单位也不同。这样，装修设计会对原结构主体或机电设计进行大量调整，而直接导致现场装修施工时出现对主体结构进行二次开凿、穿孔、损伤结构构件及设备的消防设施等情况，造成严重的主体安全和消防安全隐患。由此衍生出的另一个问题是环境污染，显而易见这种重复性的装修二次改造会产生大量的装修垃圾，给城市环境造成了巨大污染。

土建装修一体化技术首先要求的是一体化设计。在设计阶段土建设计和装修设计密切配合、协调统一。土建设计充分考虑装修设计的需求，做好主体结构孔洞预留、各装修面层固定件的预埋工作，避免装修时对已有建筑主体及填充墙体进行二次开凿、穿孔。其次要求一体化施工，即要求土建施工和装修施工由同一家施工单位完成，这样分工更明确也方便管理，大幅提高了生产效率。

2. 适用范围

适用于民用建筑中建设方对装修有明确需求和定位的建筑。

3. 技术要点

土建与装修一体化技术运用首先对建设单位提出了更高的要求。建设单位需要承担更全面的责任，全过程把控土建设计、装修设计、土建施工、装修施工等环节。具体而言，应在相关法律法规的指导下对土建与装修一体化设计的设计深度、材料设备的选型及施工的招标等制定细致的管理办法，同时还要在设计、施工、装修、监理及房屋验收等环节把好质量关。其次，在选择合作伙伴时要对设计及施工单位进行严格的审查，选择优秀的设计及施工单位合作。还要做好设计与施工的衔接工作，明确设计与施工的责任，并应对全过程进行全方位的监督及管理，为实现土建与装修工程一体化打下坚实的基础。

设计单位应摒弃传统土建设计的思维，应对建筑空间进行更为细致的研究，在进行建筑设计的时候，同时跟进装修设计，发现建筑设计中不合理的情况应及时修正，将两者结合起来进行统一设计，使建筑设计与室内装修设计更加包容统一。还需全面提升设计人员的素质，增强设计单位的综合实力，对设计的深度及要求有全新的理解及提高。

施工单位应加强对土建、装修施工的统一管理工作。要积极创新施工新理念，从全局出发完善科学化、合理化的管理模式，定期对技术指标和具体项目要求进行核查，依据一体化发展的管理规范，践行标准化操作模式，保证相应工序得到落实，进一步提高一体化应用的完整性。要积极落实完善的监督管控工作，对相应影响因素进行综合的管控与监督，避免违章操作对项目产生的影响，获得更加适宜的施工效果，采取提升施工监督措施，发挥设计施工一体化的优势，进一步提高经济效益以及社会效益。

2.3.3　结构选型

2.3.3.1　工程选址

1. 技术简介

工程选址时应注意避开抗震危险地段和地质危险区域（如地震或地质灾害时可能发生滑坡、危岩崩塌、泥石流等地段）。工程选址不当，会造成建筑在极端突发情况下出现难以挽回的巨大财产损失和人员伤亡，对资源消耗也必然造成巨大浪费。

2. 适用范围

适用于各类民用建筑。

3. 技术要点

针对工程选址控制要求，《建筑与市政工程抗震通用规范》（GB 55002—2021）（全文强制性标准）第3.1.2条给出了具体的地段划分原则（表2-3）：应根据工程需要和地震活动情况、工程地质和地震地质等有关资料对地段进行综合评价。对不利地段，应尽量避开；当无法避开时应采取有效的抗震措施。对危险地段，严禁建造甲、乙、丙类建筑。

表 2-3　场地地段划分

地段类别	地质、地形、地貌
有利地段	稳定基岩，坚硬土，开阔、平坦、密实、均匀的中硬土等
一般地段	不属于有利、不利和危险的地段
不利地段	软弱土，液化土，条状突出的山嘴，高耸孤立的山丘，陡坡，陡坎，河岸和边坡的边缘，平面分布上成因、岩性、状态明显不均匀的土层（含故河道、疏松的断层破碎带、暗埋的塘浜沟谷和半填半挖地基），高含水量的可塑黄土，地表存在结构性裂缝等
危险地段	地震时可能发生滑坡、崩塌、地陷、地裂、泥石流等及发震断裂带上可能发生地表位错的部位

《建筑地基基础设计规范》（GB 50007—2011）第6.1.2条指出："对建筑物有潜在威胁或直接危害的滑坡、泥石流、崩塌以及岩溶、土洞强烈发育地段，不应选作建设场地"。《绿色建筑评价标准》（GB/T 50378—2019）第4.1.1条指出："场地应避开滑坡、泥石流等地质危险地段，易发生洪涝地区应有可靠的防洪涝基础设施。"

几本规范均对工程建设场地提出了严格的限制要求。四川省山区面积占全省面积的77.1%，地质灾害及地震多发，工程选址问题需要更加重视。

2.3.3.2　地基基础选型

1. 技术简介

建筑的地基基础选型对材料消耗影响显著。确定地基基础方案应优先选用勘察报告推荐的地基持力层和基础形式，并结合项目的持力层情况、房屋高度、荷载分布、柱网大小、基底标高及地下水位等因素进行综合评判。常用的地基基础形式包括天然地基或复合地基浅基础（独立基础、筏形基础或条形基础等）、桩基础等。地基基础方案宜首选天然地基作为持力层，天然地基通常情况下属于减少资源消耗的最佳方案。

2. 适用范围

适用于各类民用建筑。

3. 技术要点

地基基础形式选择需要考虑的因素众多。工程师首先应仔细查阅项目的地勘报告，包括场地地基稳定性、场地地震效应（抗震地段具体类型）、地基基础方案的建议、地下水位情况、土层的地质剖面等方面，对项目整体地质情况进行准确把握；接着结合本工程的特点，如房屋高度及层数、柱距大小、荷载分布情况、基础埋深等，选择合适的基础形式；最后一步工作是进行计算，验证基础方案的可行性并确定最终的基础厚度、尺寸等，必要时还应进行多种基础方案的对比，选取相对合理的基础方案。需要注意的是，当拟定的地基基础方案与勘察报告建议不一致时，应与地勘单位积极沟通达成一致，由勘察单位出具书面变更意见并重新报送审查机构确认。

当基底标高处天然地基良好时，应作为持力层的首选。框架结构在荷载不大的情况下可采用柱下独立基础，荷载较大、地基承载力不高、设地下室且地下水位较高时可采用筏形基础；框架-剪力墙结构、剪力墙结构通常荷载较大，在地基承载力不高时可采用筏形基础，地基承载力较高时可采用独立基础、条形基础及局部筏形基础组合形式。

当基底标高处天然地基承载力较低、变形量过大、土层液化程度严重、存在不好处理的软弱下卧层或地基稳定性不佳时，可采用桩基础或复合地基形式。有些地质情况既可采用桩基也可采用复合地基时，需要进行比选确定，桩基础类型的选择要结合土层类别并结合勘察报告的建议综合确定。

2.3.3.3　上部结构选型

1. 技术简介

上部结构选型应注重概念设计。在建筑方案阶段，结构工程师应协助建筑师尽量选择平面、立面相对规则的体型；根据建筑的使用功能和房屋高度等因素，确定合理的结构体系，体系中各抗侧力构件应力求相互呼应，形成清晰的水平力和竖向力的传递路径，结构体系应具备合理的抗震承载力和延性。概念设计对结构主材用量的影响非常显著，工程经验表明具有形体规则、合理的结构体系的建筑修建成本会大幅降低。目前常用的结构体系根据主体材料的不同，分为钢筋混凝土结构、钢结构、砌体结构、木结构及混合结构等，各自特点和适用性将在后文中详述。

上部结构体系合理性问题，本质上是结构体系能否高效传递水平力的问题。结构所承担的水平力包括地震作用和风荷载，由于四川省地处内陆，建筑承受的风荷载普遍较小，所以归根到底上部结构选型的主要因素是抗震能力。抗震能力良好的建筑，在遭受地震作用时的损伤情况远小于抗震能力一般的建筑。

《建筑与市政工程抗震通用规范》（GB 55002—2021）（全文强制性标准）第 2.4.1 条指出：建筑与市政工程的抗震体系"应具有清晰、合理的地震作用传递途径；应具备必要的刚度、强度和耗能能力"。第 2.4.2 条指出："结构体系应具有足够的牢固性和抗震冗余度。"第 5.1.1 条指出："建筑设计应根据抗震概念设计的要求明确建筑形体的规则性。不规则的建筑应按规定采取加强措施；特别不规则的建筑应进行专门研究和论证，采取特别的加强措施；不应采用严重不规则的建筑方案。"《绿色建筑评价标准》（GB/T 50378—2019）第 4.2.1 条指出："采用基于性能的抗震设计并合理提高建筑抗震性能，评价分值为 10 分。"第 7.1.8 条指出："不应采用建筑形体和布置严重不规则的建筑结构。"

本处节选的几本规范条文均是抗震概念设计的精髓，即注重建筑形体平面、立面的规则性，结构体系应具备清晰可靠的传递水平地震力路径，体系具备合适的承载力、刚度和延性等。概念设计做到位，则建筑的先天基础就比较稳固，在此基础上确定结构体系类型时就会游刃有余。

2. 适用范围

适用于各类民用建筑。

3. 技术要点

基于我国目前的经济情况，钢筋混凝土仍是建筑结构的主要材料，其优势在于价格相对低廉、建筑使用舒适性及耐久性好。多层公共建筑采用框架结构可满足大空间及功能机动灵活等需求，结构刚度适中，可作为首选结构形式。高层公共建筑由于高度较高，若采用框架结构会造成地震作用层间变形较大，且柱截面过大，一般不宜采用，而选择框架-剪力墙结构或框架-核心筒结构，既提高了抗侧能力又满足大空间需求，是理想的结构形式。住宅建筑目前应用普遍的是剪力墙结构，其特点在于室内房间平整，且对大空间需求不高，多层住宅建筑在低烈度地区也可采用异型柱结构。这里需要注意的是，结构体系宜与抗震设防烈度、房屋高度相匹配，比如低烈度地区建设的多层办公楼，设计如果选择框架-剪力墙结构，虽然体系并无问题，但是可能会造成过度设计，结构在地震作用下无法充分发挥材料性能，造成资源浪费。

近年来随着我国建筑用钢产能的大幅提升，钢结构应用呈日趋蓬勃发展之势。钢材属于典型的可再循环、可再利用材料，是国家大力推广的建筑材料。钢结构具有多种优势：比如钢材是理想的弹塑性材料，抗震性能优越；制造方便，施工快速、轻质高强等。其缺点是防护问题突出，即防火能力不足、耐腐蚀性差。钢结构体系主要分为钢框架结构、钢框架-支撑结构，分别适用于多层建筑及高层建筑。不少地标性建筑如大跨体育场馆、机场、会展中心等建筑的屋盖采用钢结构，可充分发挥钢结构找形及施工方便、轻质高强等特点。

近年来木结构在我国也呈现出快速发展的态势，只是距离大规模工程运用尚有一定距离。木材生长过程中具有制氧固碳功能，属于低碳环保的绿色建筑材料。木结构优点众多，比如：它是理想的可再循环、可再利用材料；质量轻、抗震性能优越；造型美观、亲和力强；布置灵活、建造方便。其缺点是防腐防火能力差。木结构按照材料类型分为方木原木结构、轻型木结构、胶合木结构和木混合结构等。其中：方木原木结构适用于房屋高度不高的多层建筑，主要承重构件为天然木材；轻型木结构适用于多层居住建筑和房屋空间要求不高的公共建筑；胶合木结构适用于大空间、大跨度、造型独特复杂的建筑，是现代木结构的主要形式。

2.3.4　装配式技术

2.3.4.1　装配式建筑发展沿革

国务院办公厅 2016 年发布《关于大力发展装配式建筑的指导意见》（国办发〔2016〕71 号）文，指出"发展装配式建筑是建造方式的重大变革，是推进供给侧结构性改革和新型城镇化发展的重要举措，有利于节约资源能源、减少施工污染、提升劳动生产效率和质量安全水平"，吹响了我国装配式建筑建设的号角。国家近几年先后颁布了《装配式建筑评价标准》（GB/T 51129—2017）、《装配式混凝土建筑技术标准》（GB/T 51231—2016）、《装配式钢结构建筑技术标准》（GB/T 51232—2016）、《装配式木结构建筑技术标准》（GB/T 51233—2016）等。四川省为深入贯彻国家战略决策，省住建厅于 2021 年发布《提升装配式建筑发展质量五年行动方案》（川建建发〔2021〕110 号），明确 2025 年全省新开工装配式建筑占新建建筑 40%，装配式建筑单体装配率不低于 50%。目前装配式建筑已进入高速、健康的发展时期，成为建筑行业建造过程中降低能耗、减少环境污染、缩短建设周期的重要举措。

2.3.4.2　装配式技术原理及应用

1. 技术简介

装配式建筑是指结构系统、外围护系统、内装系统及设备管线系统的主要部分采用预制部品部件集成的建筑。它是一个系统工程，各预制部品部件通过模数协调、模块组合、接口连接、节点构造、施工工法等装配式集成方法，在工地高效、可靠地组装在一起，从而形成完备的建筑产品。装配式建筑的精髓是标准化设计、工厂化生产、装配化施工、一体化装修。装配式建筑按照主体结构的材料分为装配式混凝土结构、钢结构、木结构及组合结构等。本节主要介绍装配式混凝土结构技术。

装配式混凝土结构是由预制混凝土构件通过可靠的连接方法装配而成的混凝土结构。按照连接方式及受力机理的不同，它又可细分为装配整体式混凝土结构和全装配混凝土结构。其中：前者是通过预制构件可靠连接并与现场后浇混凝土、水泥基灌浆料形成整体，整体结构受力性能基本与现浇混凝土相同，也是目前普遍采用的装配式体系；后者的预制构件通过螺栓连接、焊接连接或预应力筋压接等方式形成整体，与现浇混凝土差别较大，工程应用较少。

在装配式混凝土结构中，钢筋之间的连接主要采用套筒灌浆连接、钢筋浆锚搭接方式，涉及的连接材料有套筒和灌浆料。

2. 适用范围

适用于民用建筑中建筑柱网相对规整、平面尺寸相对规则的建筑。建筑标准化、模块化程度越高，装配式构件工厂化程度就越高，其优势就越能得到发挥。

3. 技术要点

1）装配率计算

目前四川省工程项目的装配率计算标准主要有《装配式建筑评价标准》（GB/T 51129—2017）、《四川省装配式建筑装配率计算细则》，省内各建设项目在土地出让条件中均已按照当地政策明确了本工程需要满足的装配率要求以及计算标准，设计时可据此选择合适的装配方案。表2-4为《装配式建筑评价标准》（GB/T 51129—2017）给出的评分表。

表2-4　装配建筑评分表

评价项		评价要求	评价分值	最低分值
主体结构 （50分）	柱、支撑、承重墙、延性墙板等竖向构件	35%≤比例≤70%	20～30*	20
	梁、板、楼梯、阳台、空调板等构件	70%≤比例≤80%	5～20*	
围护墙和内 隔墙 （20分）	非承重围护墙非砌筑	比例≥80%	5	10
	围护墙与保温、隔热、装饰一体化	50%≤比例≤80%	2～5*	
	内隔墙非砌筑	比例≥50%	5	
	内隔墙与管线、装修一体化	50%≤比例≤80%	2～5*	
装修和设备 管线 （30分）	全装修	—	6	6
	干式工法楼面、地面	比例≥70%	6	—
	集成厨房	70%≤比例≤90%	3～6*	
	集成卫生间	70%≤比例≤90%	3～6*	
	管线分离	50%≤比例≤70%	4～6*	

注：表中带"*"项的分值采用"内插法"计算，计算结果取小数点后1位。

装配方案的分值构成主要包括主体结构、外围护墙和内隔墙、装修和设备管线等几方面。其中主体结构分值占比最高，尤其是项目要求高装配率（50%以上）时，主体结构装配往往发挥决定性作用。分值经过专业间的分工协调后，装配式方案便最终确定。

2）装配式主要构件构造

主体结构装配方案有水平构件装配和竖向构件装配两种。水平构件主要包括楼板、梁、楼梯、阳台等，竖向构件包括框架柱、剪力墙及支撑等。

装配式楼板即叠合楼板，由预制底板、桁架钢筋、后浇叠合层三部分组成。预制底板表面设置粗糙面，桁架钢筋兼作抗剪键。根据板的受力模式（单向板或双向板）不同，拼接方式也存在差别，单向板通常采用分离式接缝，双向板则采用拼接后浇带方式，如图 2-1 所示。

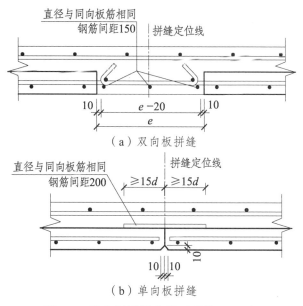

图 2-1　叠合板拼缝大样（单位：mm）

叠合梁的组成包括预制梁段、后浇段，预制梁段通常采用矩形截面和凹口截面，叠合梁拼接位置钢筋采用机械连接、套筒灌浆连接或焊接连接，接缝位置处应设置抗剪键槽，如图 2-2、图 2-3 所示。

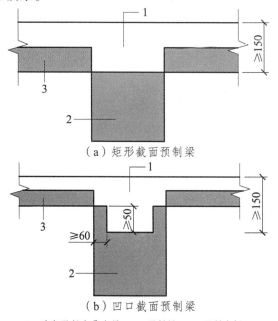

1—后浇混凝土叠合层；2—预制梁；3—预制底板。

图 2-2　叠合框架梁截面示意（单位：mm）

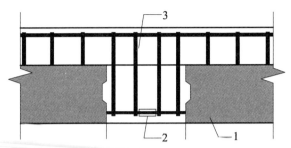

1—预制梁；2—钢筋连接接头；3—后浇段。

图 2-3　叠合梁连接节点示意

预制柱通常在楼层标高处设置柱底接缝，柱底采用套筒灌浆连接，柱顶设置粗糙面，如图 2-4 所示。

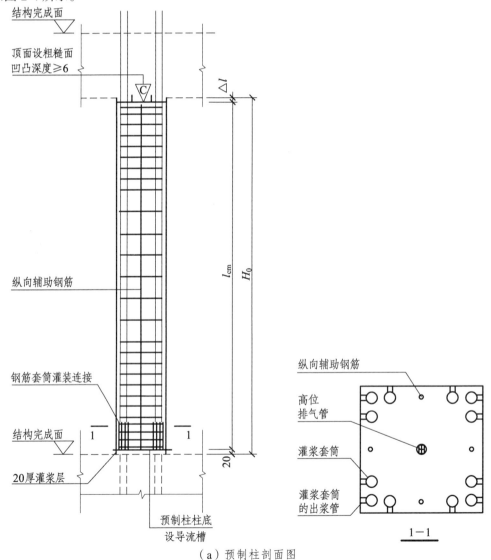

（a）预制柱剖面图

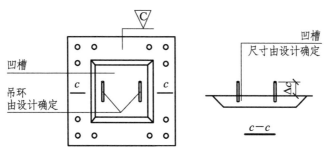

（b）预制柱柱顶俯视图

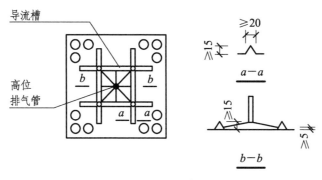

（c）预制柱柱底仰视图

图 2-4　预制柱基本构造

3）装配式混凝土结构设计要点

装配整体式混凝土结构可采用"等同现浇"的思路，采用与现浇混凝土结构相同的分析、设计方法。当同一层既有预制又有现浇抗侧力构件时，宜对现浇抗侧力构件在地震作用下的弯矩和剪力进行适当放大。

装配整体式混凝土结构执行的规范主要为《装配式混凝土建筑技术标准》（GB/T 51231—2016）、《装配式混凝土结构技术规程》（JGJ 1—2014）等，部分结构体系房屋最大适用高度较现浇结构略有降低，读者可自行对相关规范进行对比，本节不再赘述。

装配整体式混凝土结构竖向构件钢筋连接采用套筒灌浆连接方式。其基本工作原理是基于套筒内灌浆料具有较高的抗压强度，同时自身还具有微膨胀特性，当受到套筒约束作用时，在灌浆料与灌浆套筒内侧筒壁间产生较大的正向约束应力进而使得钢筋表面产生摩擦力，从而实现钢筋轴向力的有效传递。灌浆料质量非常关键，应具有高强、早强、无收缩和微膨胀等基本特性，使其能与套筒和钢筋更有效地结合在一起共同工作。

预制构件在持久设计状况下应进行承载力、变形、裂缝控制验算，在地震设计状况下应进行承载力验算，在短暂设计状况下（制作、运输堆放、安装等）的验算应符合现行《混凝土结构工程施工规范》（GB 50666）的有关规定。

在装配整体式结构中，接缝应进行受剪承载力验算。接缝是指预制构件之间、预制构件与现浇及后浇混凝土之间的结合面，包括梁端接缝、柱顶柱底接缝、剪力墙竖向和水平接缝等。接缝的剪力由结合面混凝土的黏结强度、键槽或者粗糙面、钢筋的摩擦抗剪作用、销栓抗剪作用承担。预制构件与后浇混凝土、灌浆料、坐浆材料的结合面应设置粗糙面、键槽，其中预制板与后浇混凝土叠合层间的结合面应设置粗糙面；预制梁与后浇混凝土叠合层间的结合面应设置粗糙面，预制梁端面应设置键槽且宜设置粗糙面；预制剪力墙顶部、底部与后浇混凝土的结合面应设置粗糙面，侧面与后浇混凝土的结合面应设置粗糙面或键槽；预制柱的底部应设置键槽且宜设置粗糙面，柱顶应设置粗糙面。

叠合板预制底板厚度不宜小于 60 mm，后浇混凝土叠合层厚度不应小于 60 mm，目前常用的叠合板总厚度一般不宜小于 130 mm。叠合板根据预制板、支座构造、长宽比按照单向板或双向板设计。

叠合梁中框架梁后浇混凝土叠合层厚度不宜小于 150 mm，次梁后浇混凝土叠合层厚度不宜小于 120 mm，采用凹口截面预制梁时，凹口深度不宜小于 50 mm，凹口边厚度不宜小于 60 mm。

预制柱纵向受力筋直径不宜小于 20 mm；纵筋间距不宜大于 200 mm 且不应大于 400 mm，柱纵筋可集中于四角配置，并于中部设置直径不小于 12 mm 的辅助钢筋，辅助钢筋可不伸入节点；矩形柱截面宽度或圆柱直径不宜小于 400 mm，且不宜小于同方向梁宽的 1.5 倍。

2.3.5 本节相关标准、规范及图集

《建筑与市政工程抗震通用规范》（GB 55002—2021）

《建筑与市政地基基础通用规范》（GB 55003—2021）

《混凝土结构通用规范》（GB 55008—2021）

《钢结构通用规范》（GB 55006—2021）

《木结构通用规范》（GB 55005—2021）

《组合结构通用规范》（GB 55004—2021）

《钢结构设计标准》（GB 50017—2017）

《木结构设计标准》（GB 50005—2017）

《建筑抗震设计规范》（GB 50011—2010）（2016 年版）

《公共建筑节能设计标准》（GB 50189—2015）

《混凝土结构工程施工质量验收规范》（GB 50204—2015）

《混凝土结构设计规范》（GB 50010—2010）（2015 年版）

《钢筋混凝土用余热处理钢筋》（GB 13014—2013）

《混凝土质量控制标准》（GB 50164—2011）

《建筑地基基础设计规范》（GB 50007—2011）

《混凝土结构耐久性设计标准》（GB/T 50476—2019）

《混凝土物理力学性能试验方法标准》（GB/T 50081—2019）

《绿色建筑评价标准》（GB/T 50378—2019）

《钢筋混凝土用钢第 2 部分：热轧带肋钢筋》（GB/T 1499.2—2018）

《低合金高强度结构钢》（GB/T 1591—2018）

《碳素结构钢和低合金结构钢热轧厚钢板和钢带》（GB/T 3274—2017）

《绿色产品评价涂料》（GB/T 35602—2017）

《绿色产品评价纸和纸制品》（GB/T 35613—2017）

《绿色产品评价陶瓷砖（板）》（GB/T 35610—2017）

《绿色产品评价人造板和木质地板》（GB/T 35601—2017）

《绿色产品评价防水与密封材料》（GB/T 35609—2017）

《装配式建筑评价标准》（GB/T 51129—2017）

《装配式混凝土建筑技术标准》（GB/T 51231—2016）

《建筑结构用钢板》（GB/T 19879—2015）

《预拌混凝土》（GB/T 14902—2012）

《高强混凝土应用技术规程》（JGJ/T 281—2012）

《工程施工废弃物再生利用技术规范》（GB/T 50743—2012）

《混凝土强度检验评定标准》（GB/T 50107—2010）

《民用建筑绿色设计规范》（JGJ/T 229—2010）

《混凝土用再生粗骨料》（GB/T 25177—2010）

《混凝土和砂浆用再生细骨料》（GB/T 25176—2010）

《普通混凝土长期性能额耐久性能试验方法标准》（GB/T 50082—2009）

《耐候结构钢》（GB/T 4171—2008）

《再生混凝土结构技术标准》（JGJ/T 443—2018）

《严寒和寒冷地区居住建筑节能设计标准》（JGJ 26—2018）

《夏热冬冷地区居住建筑节能设计标准》（JGJ 134 —2016）

《高层民用建筑钢结构技术规程》（JGJ 99—2015）

《装配式混凝土结构技术规程》（JGJ 1—2014）

《普通混凝土配合比设计规程》（JGJ 55—2011）

《再生骨料应用技术规程》（JGJ/T 240—2011）

《民用建筑绿色设计规范》（JGJ/T 229—2010）

《高层建筑混凝土结构技术规程》（JGJ 3—2010）

《混凝土耐久性检验评定标准》（JGJ/T 193—2009）

《混凝土结构耐久性修复与防护技术规程》（JGJ/T 193—2009）

《建筑用钢结构防腐涂料》（JG/T 224—2007）

《再生混凝土应用技术规程》（DG/T J08-2018—2007）

《再生骨料地面砖和透水砖》（CJ/T 400—2012）

《循环再生建筑材料流通技术规范》（SB/T 10904—2012）

《装配式混凝土结构连接节点构造》（15G 310—1、2）

《装配式混凝土结构连接节点构造（框架）》（20G 310—3）
《装配式混凝土结构表示方法及示例（剪力墙结构）》（15G 701—1）

2.4 建筑电气设计

2.4.1 一般规定

（1）电气系统的设计应经济合理、高效节能。

（2）电气系统宜选用技术先进、成熟、可靠，损耗低、谐波发射量少、能效高、经济合理的节能产品。

（3）满足本指南供暖、供冷和通风系统，给水排水专业中对电气专业的相关要求。

2.4.2 电气系统节能

2.4.2.1 技术简介

电气系统的节能直接影响了建设投资和运行的固有损耗。因此电气系统应根据项目的负荷性质、用电容量、工程特点和地区供电等条件，对机房选址、配电系统架构、电能质量等方面进行综合考虑，在实现安全可靠、技术先进、经济合理的基础上，降低线缆用量和无功及谐波损耗、提高电能质量、提升系统运行的灵活性和经济性，确保电气系统的高效节能。

2.4.2.2 适用范围

电气系统节能是电气节能的前提，电气系统节能为基础性原则，可广泛适用超低能耗建筑电气系统设计技术中。

2.4.2.3 技术要点

1. 变配电所及配电管井的选址

变配电所的位置应深入负荷中心，靠近大容量设备。各级配电都应尽量减少供电线路的距离。

电气专业提倡配变电所位于负荷中心，但建筑设计需要整体考虑，一般情况下配变电所及管井的设置位置是电气设计与建筑设计协商的结果。配变电所及管井需设于负荷中心，主要是考虑线缆的电压降不满足规范要求时，需加大线缆截面，增加建设阶段有色金属消耗；较长的供电距离对保护动作灵敏度不利，降低了供电安全性；供电距离长，线路损耗大，增加了运行阶段的能耗。

负荷中心与供电范围的几何中心是有差异的，选址时应充分评估负荷的容量和分布情况，深入负荷中心，尽量保证大容量和绝大部分的负荷供电距离最优。

《供配电系统设计规范》（GB 50052—2009）第 4.0.8 条规定"配变电所应靠近负荷中心"。《城市配电网规划设计规范》（GB 50613—2010）第 5.8.5 条规定配电网供电半径见表 2-5。

表 2-5　中、低压配电网的供电半径（单位：km）

供电区类别	20 kV 配电网	10 kV 配电网	0.4 kV 配电网
中心城区	4	3	0.15
一般区域	8	5	0.25
郊区	10	8	0.4

《全国民用建筑工程设计技术措施》（电气）（2009 年版）第 3.1.3 条第 2 款规定："低压线路的供电半径应根据具体供电条件，干线一般不超过 250 m。"对大型建筑，变配电所位置设置合适，低压供电半径可以控制在允许的 150 m，有些建筑因造型业态等因素影响时允许适当放宽 50 m，所以综合考虑规定供电半径不宜超过 200 m 比较合适。末级终端配电距离参照《全国民用建筑工程设计技术措施》（电气）（2009 年版）第 5.2.5 条第 2 款，建议其供电距离不宜超过 50 m。

2. 配电系统

应合理规划，根据用电性质、用电容量选择合理供电电压和供电方式，正确选择和配置变压器容量、台数及运行方式。

（1）根据《民用建筑电气设计标准》（GB 51348—2019）第 3.4.1 条、第 24.2.2 条规定，当用电设备的安装容量在 250 kW 及以上或变压器安装容量在 160 kVA 及以上时，宜采用 10 kV 供电。

（2）当采用两回路中压供电时，宜采用两路电源同时工作，互为备用的运行方式。此种方式与一用一备相比较，由于中压供电电缆具有相同的规格，阻抗相同，在同时工作模式下，每回路电流为一用一备模式下电流的一半，其中压线路总的损耗也只有一用一备的一半。从节能的角度看是有利的。

（3）对于容量较大的季节性负荷或临时性负荷，宜设专用变压器。容量较大的季节性负荷或临时性负荷在供电距离等条件允许的情况下采用专用变压器，可根据使用情况灵活运行，从而减少变压器的空载损耗。

（4）单台容量大于 500 kW 的机组宜采用中压机组。单台大容量的机组若采用低压供电需增加相应降压环节，增加线缆、变压器等设备的投入。一方面，这些设备运行会增加大量的、不必要的电能损耗，尤其是季节性的负荷更为明显；另一方面，为了保障大容量机组的启动，除额外增加设备投资外，系统、设备容量也会相应增加。在实施时建议与相关专业协商，尽量采用中压机组，对于减少电气设备投资以及减少运行损耗是有利的。

（5）变压器容量指标应根据建筑功能、容量进行确定。变压器的负载率宜保证其运行在经济运行参数范围内。

参考《民用建筑电气设计标准》（GB 51348—2019）第 24.1.4 条，变压器容量指标建议见表 2-6。

表 2-6   变压器容量指标

建筑类型	限定值/（VA/m²）	节能值/（VA/m²）	备注
办公	110	70	对应一类和二类办公建筑
商业	170	110	对应大型商店建筑

注：① 商业综合体应按照各建筑面积比例进行核实。
　　② 建筑物中包含数据中心，数据中心部分应符合相关规范的规定。
　　根据《民用建筑电气设计标准》（GB 51348—2019）第 24.2.4 条的解释，当变压器的铜损等于铁损时，变压器效率最高，此时变压器的负载系数宜为 40%～65%。《电力变压器经济运行》（GB/T 13462—2008）规定，对双绕组变压器而言，变压器最佳经济运行区间为 $1.33\beta_{JZ}^2$～0.75。其中 β_{JZ} 为变压器综合功率经济负载系数。

3. 电能质量

（1）单相负荷应均匀分布在三相系统上，配电系统三相负荷的不平衡度不宜大于 15%。三相负荷不平衡，致使中性线电流增大，中性点电位漂移，从而增大线路损耗和电压不平衡，严重时引起绝缘击穿、电机过热等电气故障。因此在相关规范中规定配电系统三相负荷的不平衡度不宜大于 15%。

（2）正常运行情况下，用电设备端子处电压偏差允许值宜为 ±5% 额定电压。

（3）功率因数补偿宜采用就地补偿和集中补偿相结合的方式。当建筑中存在大量单相负荷时，宜采用部分分相无功补偿和三相无功补偿结合的方式，分相无功补偿可为总补偿量的 15%～30%。对于容量较大、负荷平稳、相对集中、经常使用、距离变电所较远且功率因数较低的设备或设备组，宜设置就地无功补偿。

近年来随着电力电子技术发展，出现了自由换相的电力半导体桥式变流器来进行动态无功补偿的装置 SVG，又称为静止无功发生器。SVG 采用可关断电力电子器件（如 IGBT，即绝缘栅双极型晶体管）组成自换相桥式电路，经过电抗器并联在电网上，适当地调节桥式电路交流侧输出电压的幅值和相位，或者直接控制其交流侧电流。迅速吸收或者发出所需的无功功率，实现快速动态调节无功的目的。作为有源型补偿装置，相对于电容器电抗器、以晶闸管控制电抗器 TCR 为主要代表的传统静止无功补偿装置（SVC）等方式，SVG 具有补偿精度高、动态响应快、可进行容性补偿、具有一定谐波抑制能力等优势。

（4）谐波治理。当建筑中非线性用电设备较多时，应设置谐波治理措施，治理后的电压畸变率应不大于 5%。

对于大功率非线性设备、大功率可控硅调光设备宜由专用回路供电，并就地设置谐波抑制装置。

电动机变频调速控制装置等谐波源较大设备，宜就地设置谐波抑制装置。

在变电所内宜集中设置滤波装置或预留滤波装置的安装空间，滤波装置应避免发生局部谐振。

滤波器的设置可遵循以下原则：

① 当配电系统中具有相对集中的大功率（如 200kVA 及以上）非线性用电设备，负载长期稳定运行时，宜选用无源滤波器。

② 当配电系统中具有相对集中的大功率（如 200kVA 及以上）非线性用电设备，且负载波动较大或断续运行，用无源滤波器不能有效抑制谐波时，宜选用有源滤波器。

③ 可根据以上情况采用无源滤波器和有源滤波器的组合方式。

当采用串联调谐电抗器的无源滤波方式时，应使实际调谐频率小于理论调谐频率，避免系统的局部谐振。此外，当电容器使用较长时间后，其介质材料绝缘性能退化，电容值下降，其谐振频率升高，电抗器的容量应留有一定裕度。电抗器的参考取值见表 2-7。

表 2-7　消谐电抗器的参考取值

理论调谐次数	理论调谐频率 /Hz	实际调谐频率（举例）/Hz	实际调谐次数（举例）	实际电抗器配比 /%
3	150	135	2.7	13.7，可选 12.5～14
5	250	215	4.3	5.4，可选 4.5～5.5
7	350	315	6.3	2.52，可选 2～3

2.4.3　照明节能

2.4.3.1　技术简介

照明节能指在保证场所照度标准和照明质量的前提下，减少照明系统中的能耗。充分利用自然光，选择适当照明方式，合理布置照明灯具和光源，采用高效节能的照明灯具，并通过智能控制技术对照明进行控制，减少照明能耗。充分利用自然光，通过直接或间接利用，可减少人工照明的设置，减少能耗，其中自然光的直接利用见建筑设计相关章节。高效灯具和光源是照明功率密度值（LPD 值）的保障，相关照明产品的能效要求见第 2.4.4 节。采用高效传感技术，并结合空间行为模式对照明进行开关、调节的智能照明控制技术是照明运行节能的重要保障，相关内容见 2.4.5 节。选择合理照明方式和照明灯具布置是照明节能的前提，直接决定了场所中照明灯具的安装功率，而单位面积的 LPD 是衡量照明节能的重要指标，照明设计中应重点考核。

2.4.3.2　适用范围

适用于民用超低能耗居住建筑和公共建筑。

2.4.2.3 技术要点

1. 合理选择照明方式

选择照度必须与所进行的视觉工作相适应。合理的照度值和优良的照明质量形成的光环境可以提高工作效率、改善使用者的心情，提高我们所处空间的舒适度。在满足标准照度的条件下，恰当地选用一般照明、局部照明和混合照明三种照明方式。如精细视觉作业的场所可采用混合照明的方式，通过一般照明解决背景照度，通过局部照明来满足精细作业的高照度要求。在照明布置方式上，在满足美观和充分发挥照明效果的前提下，还应结合照明控制策略进行综合考虑，如靠窗的灯具单独控制等。

2. 照明功率密度值

《绿色建筑评价标准》（GB/T 50378—2019）第7.1.4条规定："主要功能房间的照明功率密度值不应高于现行国家标准《建筑照明设计标准》（GB 50034）规定的现行值。"

《建筑节能与可再生能源利用通用规范》（GB 55015—2021）要求建筑照明功率密度应符合标准内限值规定。当房间或场所的室形指数值等于或小于1时，其照明功率密度限值可增加，但增加值不应超过限值的20%；当房间或场所的照度标准值提高或降低一级时，其照明功率密度限值应按比例提高或折减。

最新修编《建筑照明设计标准》（GB 50034）征求意见稿中设有现行值和目标值，其现行值与《建筑节能与可再生能源利用通用规范》（GB 55015—2021）限值规定基本保持一致，其目标值是在现行值基础上再节能20%。对于超低能耗建筑，建议照明功率密度值不高于目标值的要求。

3. 光导照明

光导照明是通过采集太阳光，通过光反射达到利用太阳光的目的。其基本原理是，通过采光罩高效采集自然光线导入系统内重新分配，再经过特殊制作的导光管传输和强化后，由系统底部的漫射装置把自然光均匀高效地照射到任何需要光线的地方，得到由自然光带来的特殊照明效果。

光导照明系统需要设置室外采光罩以收集室外光线，在建筑物设计阶段需对工程所建位置区域的采光条件作一定的分析，根据采光环境，确定系统装置在建筑物设置的区域，比如建筑物屋顶、外立面或建筑主体以外的地下室区域等，光导照明为最直接的节能方式，结合光效和美观的因素，在有条件的情况下，超低能耗建筑应尽量设置。选定的区域需要考虑光导照明系统开洞的位置和间距，土建设计人员要为系统的后期安装做好相应的预留、预埋设计工作，并对施工安装人员提出如密封、防水等技术措施要求。同时光导管可以配合照度传感器及相应的电动阀调节进光量，让室内满足照明照度要求。其具体流程如图2-5所示。

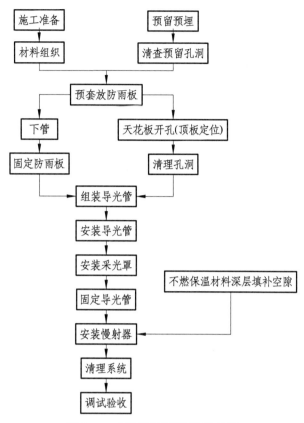

图 2-5 光导照明系统设计流程

2.4.4 电气设备节能

2.4.4.1 技术简介

在建筑能耗中，空调能耗、照明能耗、插座设备、动力设备能耗高居前列，而供配电系统中也有着较大的电能损耗。因此，超低能耗建筑达到真正的"超低能耗"，不仅需要优化"被动节能"的技术措施，如建筑、围护结构热工等设计，还需要正确合理地选用节能型的电气设备，提升"主动节能"效果。电气设备的节能主要是照明灯具及照明控制系统的选配、变压器及开关元件的选配、电梯及家用电器的选配，选配经济高效的设备能有效保证超低能耗建筑的长期高效运行。

2.4.4.2 适用范围

电气设备节能适用于办公建筑及居住建筑，主要研究设备为：变压器、开关元件、变频设备、电梯、照明光源、家用电器（插座）。

2.4.4.3 技术要点

1. 变压器能效要求

据估计，我国输配电损耗约占发电量的 6%，变压器作为电力系统损耗大户，约占总损耗的 40%～50%，如损耗每降低 1%，每年可节约上百亿千瓦时电，因此降低变压器损耗是势在必行的节能措施。节能型变压器与传统变压器相比，在相同效率下，具有更低的空载损耗和负载损耗，目前已成超低能耗建筑电气专业的一项重要节能措施。

《绿色建筑评价标准》（GB/T 50378—2019）第 7.2.7 条规定采用节能型电气设备及节能控制措施。其中，照明产品、三相配电变压器、水泵、风机等设备满足国家现行有关标准的节能评价值的要求。

全文强条规范《建筑节能与可再生能源利用通用规范》（GB 55015—2021）第 3.3.1 条规定，电力变压器、电动机、交流接触器和照明产品的能效水平应高于能效限定值或能效等级 3 级的要求。

新版变压器能效标准《电力变压器能效限定值及能效等级》（GB 20052—2020）已于 2021 年 6 月 1 日实施。为配合标准的实施，2020 年 12 月 20 日，工业和信息化部办公厅、市场监管总局办公厅、国家能源局综合司等三部门发布《变压器能效提升计划（2021—2023 年）》的通知，通知明确了未来三年的总体发展目标：到 2023 年，符合《电力变压器能效限定值及能效等级》（GB 20052—2020）中能效标准的电力变压器在网运行比例提高 10%，当年新增高效节能变压器（1、2 级能效）占比达到 75%。力争到 2023 年增加 15 亿千伏安高效变压器容量，降低电能损耗约 105 亿千瓦时，相当于减少排放 6400 万吨 CO_2。

据了解，国家电网公司按通知制订的招标采购计划明确为：目标中提到的"在网运行比例提高 10%"是指在网运行的高效节能变压器（1、2 级能效）的总容量的占比，并且在这 10%中，85%以上为 2 级能效；而"当年新增高效节能变压器（1、2 级能效）占比达到 75%"是指当年的各个用户所有采购的变压器的数量占比，同样也是以 2 级能效为主 85%以上。

欧盟（EU）No.548/2014 条例中规定的 2021 年 7 月 1 日期限配电变压器的空载损耗 A_0 下降 10%（欧盟未分级），其能效标准基本上只达到国内新标准的 2 级能效标准（图 2-6），而国内新 1 级能效标准的要求更高。

新标准变压器节能降耗空载损耗降幅较大，以 1250 kVA 干变为例，变压器空载损耗降低了约 20%（硅钢带）和 30%（非晶合金）。负载损耗方面对于硅钢 1 级能效变压器，新旧能效标准负载损耗要求相同；对于 2 级能效，新标准负载损耗降低了约 10%，与 1 级能效相同；1、2 级能效的非晶合金，已要求与硅钢相同，1 级的降低了约 5%，2 级的同样为 10%。

据市场调研，目前 1 级能效变压器成本比 2 级高约 10%（两者空载损耗相差 10%，负载损耗要求相同），2 级能效变压器成本比 3 级能效高约 40%。

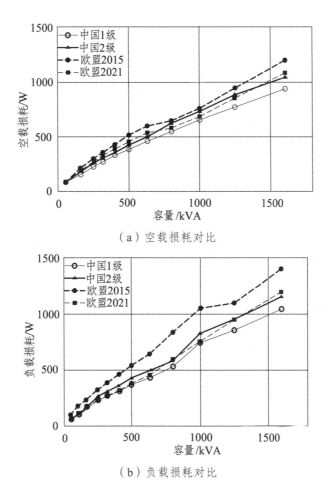

（a）空载损耗对比

（b）负载损耗对比

图 2-6 中国与欧盟新老标准对比

综上所述，超低能耗建筑在选择变压器的能效等级时，应兼顾经济适用性和低能耗目标。超低能耗建筑中配电变压器的空载损耗和负载损耗值不得高于《电力变压器能效限定值及能效等级》（GB 20052—2020）电力变压器能效等级 1 级要求，其能效等级见表2-8。

2. 接触器能效

接触器能效等级分为 3 级，1 级吸持功率最低，根据《交流接触器能效限定值及能效等级》（GB 21518—2008），各等级接触器的吸持功率均应不大于表 2-9 的规定。

在民用建筑中，交流接触器广泛用于空调、风机、水泵、照明、电动阀门等设备的启停控制，设备运行接触器存在固有损耗。2 级能效接触器通常采用高效电磁型，比 3 级能效损耗降低约 40%。1 级能效接触器通常采用永磁型，相对于 2 级能效，其吸持功率大幅降低，产品相对有限。建议在超低能耗建筑中选用能效水平高于能效限定值（3 级）的交流接触器。

表2-8 10kV干式三相双绕组无励磁调压配电变压器能效等级

额定容量/kVA	1级 电工钢带 空载损耗/W	1级 电工钢带 负载损耗/W B(100°C)	1级 电工钢带 负载损耗/W F(120°C)	1级 电工钢带 负载损耗/W H(145°C)	1级 非晶合金 空载损耗/W	1级 非晶合金 负载损耗/W B(100°C)	1级 非晶合金 负载损耗/W F(120°C)	1级 非晶合金 负载损耗/W H(145°C)	2级 电工钢带 空载损耗/W	2级 电工钢带 负载损耗/W B(100°C)	2级 电工钢带 负载损耗/W F(120°C)	2级 电工钢带 负载损耗/W H(145°C)	2级 非晶合金 空载损耗/W	2级 非晶合金 负载损耗/W B(100°C)	2级 非晶合金 负载损耗/W F(120°C)	2级 非晶合金 负载损耗/W H(145°C)	3级 电工钢带 空载损耗/W	3级 电工钢带 负载损耗/W B(100°C)	3级 电工钢带 负载损耗/W F(120°C)	3级 电工钢带 负载损耗/W H(145°C)	3级 非晶合金 空载损耗/W	3级 非晶合金 负载损耗/W B(100°C)	3级 非晶合金 负载损耗/W F(120°C)	3级 非晶合金 负载损耗/W H(145°C)	短路阻抗/%
30	105	605	640	685	50	605	640	685	130	605	640	685	60	605	640	685	150	670	710	760	70	670	710	760	4.0
50	155	845	900	965	60	845	900	965	185	845	900	965	75	845	900	965	215	940	1000	1070	90	940	1000	1070	4.0
80	210	1160	1240	1330	85	1160	1240	1330	250	1160	1240	1330	100	1160	1240	1330	295	1290	1380	1480	120	1290	1380	1480	4.0
100	230	1330	1415	1520	90	1330	1415	1520	270	1330	1415	1520	110	1330	1415	1520	320	1480	1570	1690	130	1480	1570	1690	4.0
125	270	1565	1665	1780	105	1565	1665	1780	320	1565	1665	1780	130	1565	1665	1780	375	1740	1850	1980	150	1740	1850	1980	4.0
160	310	1800	1915	2050	120	1800	1915	2050	365	1800	1915	2050	145	1800	1915	2050	430	200	2130	2280	170	2000	2130	2280	4.0
200	360	2135	2275	2440	140	2135	2275	2440	420	2135	2275	2440	170	2135	2275	2440	495	2370	2530	2710	200	2370	2530	2710	4.0
250	415	2330	2485	2665	160	2330	2485	2665	490	2330	2485	2665	195	2330	2485	2665	575	2590	2760	2960	230	2590	2760	2960	4.0
315	510	2945	3125	3355	195	2945	3125	3355	600	2945	3125	3355	235	2945	3125	3355	705	3270	3470	3730	280	3270	3470	3730	4.0
400	570	3375	3590	3850	215	3375	3590	3850	665	3375	3590	3850	265	3375	3590	3850	785	3750	3990	4280	310	3750	3990	4280	4.0
500	670	4130	4390	4705	250	4130	4390	4705	790	4130	4390	4705	305	4130	4390	4705	930	4590	4880	5230	360	4690	4880	5230	4.0
630	775	4975	5290	5660	295	4975	5290	5660	910	4975	5290	5660	360	4975	5290	5660	1070	5530	5880	6290	420	5530	5880	6290	4.0
630	750	5050	5365	5760	290	5050	5365	5760	885	5050	5365	5760	350	5050	5365	5760	1040	5610	5960	6400	410	5610	5960	6400	6.0
800	875	5895	6265	6715	335	5895	6265	6715	1035	5895	6265	6715	410	5895	6265	6715	1215	6550	6960	7460	480	6550	6960	7460	6.0
1000	1020	6885	7315	7885	385	6885	7315	7885	1205	6885	7315	7885	470	6885	7315	7885	1415	7650	8130	8760	550	7650	8130	8760	6.0
1250	1205	8190	8720	9335	455	8190	8720	9335	1420	8190	8720	9335	550	8190	8720	9335	1670	9100	9690	10370	650	9100	9690	10370	6.0
1600	1415	9945	10555	11320	530	9945	10555	11320	1665	9945	10555	11320	645	9945	10555	11320	1960	11050	11730	12580	760	11050	11730	12580	6.0
2000	1760	12240	13005	14005	700	12240	13005	14005	2075	12240	13005	14005	850	12240	13005	14005	2440	13600	14450	15560	1000	13600	14450	15560	6.0
2500	2080	14535	15445	16605	840	14535	15445	16605	2450	14535	15445	16605	1020	14535	15445	16605	2880	16150	17170	18450	1200	16150	17170	18450	6.0

表 2-9 接触器能效等级

接触器额定工作电流 I_e/A	吸持功率/VA		
	1 级	2 级（能效评价值）	3 级（能效限定值）
$9 \leqslant I_e \leqslant 12$	0.5	5.0	8.3
$12 < I_e \leqslant 22$	0.5	5.1	8.5
$22 < I_e \leqslant 32$	0.5	8.3	13.9
$32 < I_e \leqslant 40$	0.5	11.4	19.0
$40 < I_e \leqslant 63$	0.5	34.2	57.0
$63 < I_e \leqslant 100$	1.0	36.6	61.0
$100 < I_e \leqslant 160$	1.0	51.3	85.5
$160 < I_e \leqslant 250$	1.0	91.2	152.0
$250 < I_e \leqslant 400$	1.0	150.0	250.0
$400 < I_e \leqslant 630$	1.0	150.0	250.0

对于其他开关元件，开关损耗包括开通损耗和关断损耗两种，开通损耗是指功率管从截止到导通时所产生的功率损耗，关断损耗是指功率管从导通到截止时所产生的功率损耗。在超低能耗建筑中应该尽量选择接近理想开关特性的开关管，以减小开关损耗，例如：选择低导通电阻、可快速切换的 MOSFET，选择低导通压降、可快速恢复的二极管，均可以有效减小开关损耗。

3. 电梯、扶梯的节能措施

通过对建筑用能情况的调研，在公共建筑中，电梯动力系统的能耗占到建筑总能耗的 17% 左右，用电量相当可观。因此，在超低能耗建筑中选用节能电梯和相应节能控制方式对建筑节能意义重大。

目前尚未出台国家性的电梯能效等级评价标准。在国际上，目前普遍执行《VDI4707 电梯能效准则》及 ISO 25745：2015，其中 ISO 25745 能效认证是国际电梯能效标准，高效节能电梯和自动扶梯也是欧盟委员会智能能源欧洲项目支持的项目，而欧盟 CE 认证主要的电梯能效标准为 VDI4707 指令。

在超低能耗建筑中，电梯节能更多需要控制策略来实现，如对垂直电梯应采取群控、预召唤等提高运载效率；采用变频调速技术减少能耗；采用能量反馈等技术实现电能再生利用；对电梯轿厢采用高效照明系统和节能空调设备减少辅助设备的能耗等；对自动扶梯应采用变频控制、感应启动等节能控制措施。其次再考虑选择节能电梯，由于电梯国内无统一能效等级标准，不设置能效等级要求。

4. 照明光源及灯具能效

高效照明灯具，是指满足照明质量的同时，光效高、显色性好、配光合理、安全高效的灯具。节能高效灯具是照明节能的保障，照明产品能耗水平通过能效等级进行评价。

针对主要照明产品，包含荧光灯、LED 灯、高压钠灯、金属卤化物灯及其对应镇流器等，有相应的国家标准规定了能效的分级标准，见表 2-10。

表 2-10　照明产品的能效标准

序号	标准编号	标准名称	分级标准
1	GB 17896—2012	管型荧光灯镇流器能效限定值及节能评价值	1 级、2 级（节能评价值）、3 级（能效限定值）
2	GB 19043—2013	普通照明用双端荧光灯能效限定值及能效等级	1 级、2 级、3 级
3	GB 19044—2013	普通照明用自镇流荧光灯能效限定值及能效等级	1 级、2 级（节能评价值）、3 级（能效限定值）
4	GB 19415—2013	单端荧光灯能效限定值及节能评价值	节能评价值、能效限定值
5	GB 19573—2004	高压钠灯能效限定值及能效等级	1 级、2 级（节能评价值）、3 级（能效限定值）
6	GB 19574—2004	高压钠灯用镇流器能效限定值及节能评价值	节能评价值、能效限定值
7	GB 20053—2015	金属卤化物灯用镇流器能效限定值及能效等级	1 级、2 级（节能评价值）、3 级（能效限定值）
8	GB 20054—2015	金属卤化物灯能效限定值及能效等级	1 级、2 级（节能评价值）、3 级（能效限定值）
9	GB/T24825—2009	LED 模块用直流或交流电子控制装置性能要求	1 级、2 级、3 级
10	GB 30255—2019	室内照明用 LED 产品能效限定值及能效等级	1 级、2 级、3 级（能效限定值）
11	GB 38450—2019	室内照明用 LED 平板灯能效限定值及能效等级	1 级、2 级、3 级（能效限定值）
12	GB/T 36949—2018	双端 LED 灯（替换直管形荧光灯用）性能要求	1 级、2 级、3 级

超低能耗建筑中的照明产品应选用能效高的产品，能效水平应高于表 2-10 中能效 2 级或节能评价值的要求，见表 2-11。

表 2-11　超低能耗建筑中照明产品的能效等级要求

照明设备	性能指标
	能效等级
LED 平板灯	能效等级 2 级
LED 筒灯	能效等级 2 级
定性集成式 LED 灯	能效等级 2 级
非定向自镇流 LED 灯	能效等级 2 级
双端 LED 灯	能效等级 2 级

续表

照明设备	性能指标
	能效等级
管型荧光灯	能效等级 2 级
普通照明用双端荧光灯	能效等级 2 级
普通照明用自镇流荧光灯	能效等级 2 级
单端荧光灯	高于节能评价值
双端荧光灯	能效等级 2 级
高压钠灯及镇流器	能效等级 2 级
金属卤化物等级镇流器	能效等级 2 级

5. 节能电器

现代建筑能耗中由于需要满足人们日益增长的物质生活、工作需求，电器所占能耗比例逐渐提高到 20% 以上，建筑电器对能耗的影响不容忽视。目前，我国的绝大多数电器都设有相应的能效等级标准，主要有 3 级和 5 级两种划分方式。

办公建筑及居住建筑主要涉及电器有：计算机显示器、计算机、洗衣机、复/打印机、冰箱、电热水器、电风扇、平板电视、微波炉等主要插座设备产品。考虑超低能耗的经济效益和电器节能目标，超低能耗建筑中电器的能效水平应高于或等于表 2-12、表 2-13 的要求。

表 2-12　四川省超低能耗建筑插座设备性能指标

插座设备	性能指标	
	能效等级	参考指标
计算机显示器	能效等级 2 级	表 2.4.4.6
计算机	能效等级 2 级	表 2.4.4.7
洗衣机	能效等级 3 级	表 2.4.4.8、2.4.4.9
复/打印机	能效等级 2 级	表 2.4.4.10
冰箱	能效等级 3 级	表 2.4.4.11
电热水器	能效等级 3 级	表 2.4.4.12
电风扇	能效等级 2 级	表 2.4.4.13
平板电视	能效等级 2 级	表 2.4.4.14
微波炉	能效等级 2 级	表 2.4.4.15

表 2-13　计算机显示器能效等级指标

显示器类型	能源效率 C_d/W		
	1 级	2 级	3 级
标准显示器	2.0	1.5	1.0
高性能显示器	1.5	1.0	0.50

台式微型计算机及一体机、便携式计算机能效等级对应能效消耗不应小于表 2-14 的规定，其他参数限定值应满足现行《微型计算机能效限定值及能效等级》（GB 28380）的要求。

表 2-14 微型计算机能效等级指标（单位：kWh）

微型计算机类型		能源消耗		
		1 级	2 级	3 级
台式微型计算机及一体机	A 类	$98.0+\sum E_{1x}$	$148.0+\sum E_{1x}$	$198.0+\sum E_{1x}$
	B 类	$125.0+\sum E_{1x}$	$175.0+\sum E_{1x}$	$225.0+\sum E_{1x}$
	C 类	$159.0+\sum E_{1x}$	$209.0+\sum E_{1x}$	$259.0+\sum E_{1x}$
	D 类	$184.0+\sum E_{1x}$	$234.0+\sum E_{1x}$	$284.0+\sum E_{1x}$
便携式计算机	A 类	$20.0+\sum E_{1x}$	$35.0+\sum E_{1x}$	$45.0+\sum E_{1x}$
	B 类	$26.0+\sum E_{1x}$	$45.0+\sum E_{1x}$	$65.0+\sum E_{1x}$
	C 类	$54.5+\sum E_{1x}$	$75.0+\sum E_{1x}$	$123.5+\sum E_{1x}$

注：$\sum E_{1x}$ 为微型计算机附加功能功耗因子之和。

波轮式洗衣机、双桶洗衣机、滚筒式洗衣机能效等级对应能效消耗不应小于表 2-15、表 2-16 的规定，其他参数限定值应满足现行《电动洗衣机能效水效限定值及等级》（GB 12021.4）的要求。

表 2-15 波轮式洗衣机和双桶洗衣机能效等级指标

洗衣机能效等级	单位功率耗电量 $E_e/[$（kWh/（cycle·kg））$]$	单位功效用水量 $W_e/[$L/（cycle·kg）$]$	洗净比 C_e
1	≤0.011	≤14	≥0.90
2	≤0.012	≤16	≥0.80
3	≤0.015	≤20	
4	≤0.017	≤24	
5	≤0.022	≤28	

表 2-16 滚筒式洗衣机能效等级指标

洗衣机能效等级	单位功率耗电量 $E_e/[$（kWh/（cycle·kg））$]$	单位功效用水量 $W_e/[$L/（cycle·kg）$]$	洗净比 C_e
1	≤0.110	≤7	≥1.03
2	≤0.130	≤8	
3	≤0.150	≤9	
4	≤0.170	≤10	
5	≤0.190	≤12	

单色/彩色复印机、单色/彩色打印机、单色/彩色传真机、单色多功能一体机、彩色多

功能一体机能效等级对应能效消耗不应小于表 2-17 的规定，其他参数应满足现行《复印机、打印机和传真机能效限定值及能效等级》（GB 21521）的要求。

表 2-17　复印、打印、传真、一体机各能效等级指标

产品类型	输出速度 p /（页/min）	典型能耗/kWh		
		1 级	2 级	3 级
单色复印机、 单色打印机、 单色传真机	$p \leq 5$	≤ 0.20	≤ 0.30	≤ 0.10
	$5 < p \leq 20$	$\leq 0.03\text{-}i+0.03$	$\leq 0.04\text{-}i+0.10$	$\leq 0.06\text{-}i+0.65$
	$20 < p \leq 30$	$\leq 0.03\text{-}i+0.02$	$\leq 0.06\text{-}i\text{-}0.30$	$\leq 0.10\text{-}i\text{-}0.20$
	$30 < p \leq 40$	$\leq 0.06\text{-}i\text{-}0.90$	$\leq 0.11\text{-}i\text{-}0.18$	$\leq 0.10\text{-}i\text{-}0.20$
	$40 < p \leq 65$	$\leq 0.09\text{-}i\text{-}2.10$	$\leq 0.16\text{-}i\text{-}3.80$	$\leq 0.35\text{-}i\text{-}10.30$
	$p > 65$	$\leq 0.09\text{-}i\text{-}2.10$	$\leq 0.20\text{-}i\text{-}6.40$	$\leq 0.35\text{-}i\text{-}10.30$
彩色复印机、 彩色打印机、 彩色传真机	$p \leq 10$	≤ 0.07	≤ 1.30	$\leq 0.10\text{-}i+2.80$
	$10 < p \leq 15$	$\leq 0.04\text{-}i+0.30$	$\leq 0.06\text{-}i+0.70$	$\leq 0.10\text{-}i+2.80$
	$15 < p \leq 30$	$\leq 0.04\text{-}i+0.30$	$\leq 0.15\text{-}i\text{-}0.65$	$\leq 0.10\text{-}i+2.80$
	$p > 30$	$\leq 0.09\text{-}i\text{-}1.20$	$\leq 0.20\text{-}i\text{-}2.15$	$\leq 0.35\text{-}i\text{-}5.00$
单色多功能一体机	$p \leq 5$	≤ 0.30	≤ 0.40	≤ 1.50
	$5 < p \leq 30$	$\leq 0.03\text{-}i+0.15$	$\leq 0.07\text{-}i+0.05$	$\leq 0.13\text{-}i+0.85$
	$30 < p \leq 50$	$\leq 0.08\text{-}i\text{-}1.40$	$\leq 0.11\text{-}i\text{-}1.15$	$\leq 0.35\text{-}i\text{-}6.00$
	$p > 50$	$\leq 0.09\text{-}i\text{-}1.90$	$\leq 0.25\text{-}i\text{-}8.15$	$\leq 0.35\text{-}i\text{-}6.00$
彩色多功能一体机	$p \leq 10$	≤ 1.00	≤ 1.50	$\leq 0.10\text{-}i+3.50$
	$10 < p \leq 15$	$\leq 0.02\text{-}i+0.80$	$\leq 0.10\text{-}i+0.50$	$\leq 0.10\text{-}i+3.50$
	$15 < p \leq 30$	$\leq 0.06\text{-}i+0.20$	$\leq 0.13\text{-}i+0.05$	$\leq 0.19\text{-}i+2.00$
	$p > 30$	$\leq 0.09\text{-}i\text{-}0.70$	$\leq 0.20\text{-}i\text{-}2.05$	$\leq 0.35\text{-}i\text{-}3.00$

注：i 等于产品输出速度的数值。

电冰箱能效等级对应能效消耗不应小于表 2-18 的规定，其他参数应满足现行《家用电冰箱耗电量限定值及能效等级》（GB 12021.2）的要求。

表 2-18　电冰箱能效等级指标

能效等级	冷藏冷冻箱		葡萄酒储藏柜	卧式冷藏冷冻箱	其他类型（类型 1、2、3、4、6、8、9）
	标准能效指数 η_s	综合能效指数 η_t	标准能效指数 η_s	标准能效指数 η_s	标准能效指数 η_s
1	$\eta_s \leq 25\%$	$\eta_t \leq 50\%$	$\eta_s \leq 55\%$	$\eta_s \leq 35\%$	$\eta_s \leq 45\%$
2	$25\% < \eta_s \leq 35\%$	$50\% < \eta_t \leq 60\%$	$55\% < \eta_s \leq 70\%$	$35\% < \eta_s \leq 45\%$	$45\% < \eta_s \leq 55\%$
3	$35\% < \eta_s \leq 50\%$	$60\% < \eta_t \leq 70\%$	$70\% < \eta_s \leq 80\%$	$45\% < \eta_s \leq 55\%$	$55\% < \eta_s \leq 65\%$
4	$50\% < \eta_s \leq 60\%$	$70\% < \eta_t \leq 80\%$	$80\% < \eta_s \leq 90\%$	$55\% < \eta_s \leq 65\%$	$65\% < \eta_s \leq 75\%$
5	$60\% < \eta_s \leq 70\%$	$80\% < \eta_t \leq 90\%$	$90\% < \eta_s \leq 100\%$	$65\% < \eta_s \leq 75\%$	$75\% < \eta_s \leq 85\%$

电热水器能效等级对应能效消耗不应小于表 2-19 的规定，其他参数应满足现行《储水式电热水器能效限定值及能效等级》（GB 21519）的要求。

表 2-19　电热水器能效等级指标

能效等级	24 h 固有能效系数 ε	热水输出率 μ
1	≤0.6	≥70%
2	≤0.7	≥60%
3	≤0.8	≥55%
4	≤0.9	≥55%
5	≤1.0	≥50%

台扇、转页扇、壁扇、台地扇、落地扇、吊扇能效等级对应能效消耗不应小于表 2-20 的规定，其他参数应满足现行《交流电风扇能效限定值及能源效率等级》（GB 12021.9）的要求。

表 2-20　交流电风扇能效等级指标

种类		规格/mm	能效值/[m³/（min·W）]		
			能效等级		
			1	2	3
台扇、转页扇、壁扇、台地扇、落地扇	电容式	200	0.71	0.6	0.54
	罩极式		0.63	0.51	0.45
	电容式	230	0.84	0.7	0.64
	罩极式		0.65	0.57	0.5
	电容式	250	0.91	0.79	0.74
	罩极式		0.72	0.61	0.54
	电容式	300	0.98	0.86	0.8
		350	1.08	0.95	0.9
		400	1.25	1.06	1
		450	1.42	1.19	1.1
		500	1.45	1.25	1.13
		600	1.65	1.43	1.3
吊扇	电容式	900	2.95	2.87	2.75
		1050	3.1	2.93	2.79
		1200	3.22	3.08	2.93
		1400	3.45	3.32	3.15
		1500	3.68	3.52	3.33
		1800	3.81	3.67	3.47

平板电视能效等级对应能效消耗不应小于表 2-21 的规定，其他参数应满足现行《平板电视能效限定值及能效等级》GB 24850 的要求。

表 2-21 平板电视能效等级指标

能效指数	能效等级		
EEI	1 级	2 级	3 级
液晶电视能效指数 EEI_{LED}	2.7	2.0	1.3
等离子电视能效指数 EEI_{PCP}	2.0	1.6	1.2

微波炉能效等级对应能效消耗不应小于表 2-22 的规定，其他参数应满足现行《平板电视能效限定值及能效等级》（GB 24850）的要求。

表 2-22 微波炉能效等级指标

能效等级	效率值/%	关机功率/W	待机功率/W	烧烤能耗限定值/Wh
1	≥60	≤0.5	≤0.5（无信息或状态显示功能） ≤1.0（有信息或状态显示功能）	≤1.2
2	≥56			
3	≥52			

注：待机功率和关机功率不适用于带有 WiFi、蓝牙等通信协议功能的微波炉。

2.4.5 监测与控制

2.4.5.1 技术简介

健康、舒适的室内环境是提升建筑能效的重要前提。本节重点介绍室内环境需监测的相关参数及其对应设备节能控制策略和其他主要用电设备的节能控制策略，以最小的能源消耗实现超低能耗建筑的室内环境和能耗指标这两个性能目标。

2.4.5.2 适用范围

适用于超低能耗居住建筑和办公建筑。

2.4.5.3 技术要点

1. 室内环境监测与对应设备的节能控制

室内的环境参数有热湿环境参数（温度、湿度）、新风量、照度和室内的噪声级，前 3 个参数通过探测器按预定的控制策略控制相应的设备进行调节。通过对外墙、楼板、隔墙等采取隔声的相关措施控制室内的噪声（如通风空调设备、电气设备等）和来自室外的噪声（如周边交通噪声、社会生活噪声、工业噪声等）。

1）热湿环境参数的监测与控制

建筑主要房间室内热湿环境参数要求，在室内设置温控器或温湿度兼有的控制器（图 2-7），通过室内温度和设定温度的比较，对空调系统末端的风机盘管及电动阀控制，实现调节室内温度、提高舒适度及节能的目的（以 VRV 空调系统为例）。

图 2-7　空调温控器

2）空气质量的监测与控制

室内空气品质按现行《室内空气质量标准》（GB/T 18883）规定限值要求，对二氧化碳、甲醛、PM2.5、PM10、一氧化碳等进行监测，室内设置空气品质传感器，通过联控，根据"被动优先"原则，过渡季节优先利用自然通风，非过渡季节根据预设定值自动对控制新风机进行控制，具体措施如下：

（1）根据室内二氧化碳等浓度的变化，实现相应的设备启停、风机转速及新风阀开度调节。

（2）设置压差传感器检测过滤器压差变化。

（3）根据最小经济温差（焓差）控制新风热回收装置的旁通阀，或联动外窗开启进行自然通风。

（4）严寒和寒冷地区的新风热回收装置应具备防冻保护功能。

以空气质量控制的变风量新风系统为例，说明室内空气品质自动控制的基本原理。

新风系统采用空气品质变风量控制，设置专用的空气品质控制器和空气品质运算模块，通过智能空气品质运算模块分析室内的空气质量优劣，反馈给空气品质控制器，空气品质控制器输出控制信号调节变风量终端的风量，在确保室内空气品质优良的状态下，实现通风系统的节能运行，如图 2-8 所示。

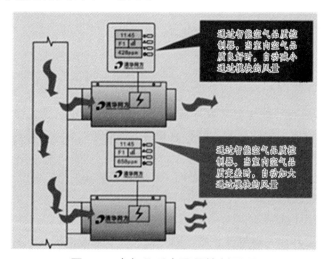

图 2-8　空气品质变风量控制原理

3）室内照度的监测与控制

照明系统的节能应着重三个方面：一是照明产品选用高效节能光源和灯具，且能效应满足本指南 2.4.4.3 节的要求；二是各房间的照明功率密度值应满足本指南 2.4.2.3 节的限定值要求；三是各功能区照明回路或灯具的控制应有合理的节能控制措施。在满足室内照度要求的前提下，合理地采用节能控制措施是实现照明系统节能的主要环节，具体措施如下：

（1）照明系统采用就地感应控制和智能照明控制系统相结合的方式进行控制。智能照明系统将光源、探测器和不同场景的灯光需求，通过智能控制策略进行整合，是实现照明系统节能的有力保障。

（2）优先利用自然光。通过对各区域照度的探测，控制相应照明回路或灯具，使采光区域的人工照明随自然光照度变化自动调节。根据人的行为习惯和视觉特点，在天然采光从不满足使用需求过渡到能够满足视觉作业需求时，很难通过手动的方式关闭或调节照度来实现照明节能。因此，对于建筑内天然采光区域，其照明采取遮阳、光导管光量调节等控制措施，可以达到照明效果及节能目的。在具有天然采光的区域，照明设计及照明控制应与之结合，根据采光状况和建筑使用条件，对人工照明进行分区、分组控制（如办公室、会议室等），其目的就是在充分利用天然光的同时，不影响此区域正常使用，从而达到节能目的。

（3）建筑的走廊、楼梯间、门厅、电梯厅及停车库照明应能够根据照明需求进行节能控制。此类公共场所，无人主动关注照明灯具的开和关，可以通过采用红外、雷达、声波等探测器的自动控制装置（图 2-9、图 2-10）实现就地感应控制，达到自动开关或节能控制的目的。

图 2-9　红外移动感应开关

图 2-10　带红外移动感应开关的灯具

（4）公共建筑的公用照明区域应采取分区、分组及调节照度的节能控制措施。公共建筑的公用照明区域，根据建筑空间形式和空间功能进行分区分组（图2-11），当空间无人时，通过调节降低照度或关闭照明灯具，实现节能。

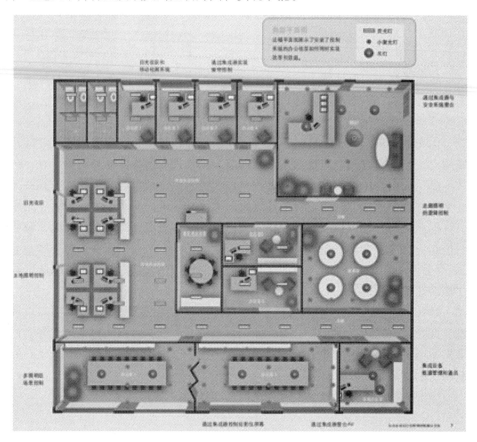

图2-11　办公场所灯具分区分组示例（图片来自飞利浦样本）

2. 其他用电设备的节能措施

1）电梯控制

垂直电梯应采取群控、变频调速或能量反馈等节能措施。垂直电梯的群控功能是当电梯为多台时，共用厅外召唤按钮，按规定的最优策略程序集中调度和控制，实现节能运行。变频调速电梯使用了先进的控制技术，明显改善了电动机供电电源的质量，减少了谐波，提高了效率和功效因数，节能效果明显。能量反馈装置能够将电梯运行过程中多余的机械能（势能、动能）转变为交流电能回送到电网，避免了因使用能耗电阻而造成的系统效率低、环境温度过高等缺点，可以有效节约电能。

自动扶梯应采用变频感应启动等节能控制措施。红外传感器产生的信号来控制自动扶梯的运行，有人乘坐时，扶梯以额定速率运行；当无人时，扶梯减至低速率或停止运行。变频技术的应用，可有效改善电网的功率因数，降低无功损耗，并大大降低了扶梯启动时对电网的冲击，保证电梯平稳顺畅运行。变频感应启动控制措施的采用，不仅节约了电能，而且减少了自动扶梯磨损，降低了维护费用。

2）阀门控制

与室外连通的新风、排风和补风管路上设置的保温密闭型电动风阀应与相应风机联动。在新风热回收、排油烟机等机组未开启时，该电动风阀应关闭严密不得漏风。

3. 多种能源供给时的利用策略

当有多种能源供给时，应根据系统能效对比等因数进行优化控制。采用可再生能源系统时，应优先利用可再生能源。

4. 能耗管理系统

为分析建筑各项能耗水平和能耗结构是否合理，监测关键用能设备能耗和效率，及时发现并提出改进措施，实现建筑的超低能耗的目标，需设置能耗管理系统。能耗管理系统对建筑内各个耗能环节进行分类、分项计量，并进行记录和分析，通过对监测数据进行深入分析和挖掘，制定节能策略，充分发掘节能潜力。能耗管理系统能耗计量还应充分考虑建筑功能、空间、用能结算考核单位和特殊用能单位，对不同系统、关键用能设计等进行独立计量。

1）计量的对象和计量的方式

建筑的能耗统计应包含：建筑耗电量、耗气量、集中供热耗热量、集中供冷耗冷量、可再生能源利用量。公共建筑运行管理应如实记录能源消费计量原始数据，并建立统计台账。能源计量表（水表、电表、燃气表）具有计量、远传功能，采用兼容通信接口与公用事业管理部门系统联网，并应在校准有效期内，保证统计数据的真实性和准确性。

2）公共建筑

对公共区域使用的冷、热、电等不同能源形式进行分类计量，并对照明插座、电梯、风机、水泵、空调等设备用电进行分项计量，建设面向能效的物业管理，更细致地把握不同公用设施用电项目和用电行为的能耗情况。例如：为地下车库通风机配电回路配置电能表，物业公司就能掌握其实际运行耗能情况，从而做出适当的调整。

3）居住建筑

每户设置的分户计费电能表宜结合用电政策和实际工程需求，采用具有分时段计费、双向费率计量、数据远传功能的智能电表。公共区域的计量方式参见公共建筑要求。

居住区设置能源监测中心，可准确及时地获得共用设施及典型户型的能耗数据。能源监测数据应对住户开放，明确自身的用能水平，提高公共节能意识。对于物业管理部门，能耗数据可互相借鉴，及时发现异常情况和潜在风险，提高管理水平。

2.4.6 本节相关标准、规范、图集

《电风扇能效限定值及能源效率等级》（GB 12021.9—2021）

《建筑节能与可再生能源利用通用规范》（GB 55015—2021）

《电力变压器能效限定值及能效等级》（GB 20052—2020）

《平板电视与机顶盒能效限定值及能效等级》（GB 24850—2020）

《室内照明用 LED 产品能效限定值及能效等级》（GB 30255—2019）

《普通照明用 LED 平板灯能效限定值及能效等级》（GB 38450—2019）

《民用建筑电气设计标准》（GB 50348—2019）

《家用电冰箱耗电量限定值及能效等级》（GB 12021.2—2015）

《金属卤化物灯用镇流器能效限定值及能效等级》（GB 20053—2015）

《计算机显示器能效限定值及能效等级》（GB 21520—2015）

《复印机、打印机和传真机能效限定值及能效等级》（GB 21521—2014）

《电动洗衣机能效水效限定值及等级》（GB 12021.4—2013）

《普通照明用双端荧光灯能效限定值及能效等级》（GB 19043—2013）

《建筑照明设计标准》（GB 50034—2013）

《中小型三相异步电动机能效限定值及能效等级》（GB 18613—2012）

《微型计算机能效限定值及能效等级》（GB 28380—2012）

《城市配电网规划设计规范》（GB 50613—2010）

《供配电系统设计规范》（GB 50052—2009）

《交流接触器能效限定值及能效等级》（GB 21518—2008）

《储水式电热水器能效限定值及能效等级》（GB 21519—2008）

《高压钠灯能效限定值及能效等级》（GB 19573—2004）

《绿色建筑评价标准》（GB/T 50378—2019）

《近零能耗建筑技术标准》（GB/T 51350—2019）

《电力用户供配电设施运行维护规范》（GB/T 37136—2018）

《电力变压器经济运行》（GB/T 13462—2008）

《绿色建筑运行维护技术规范》（JGJ/T 391—2016）

《四川省居住建筑节能设计标准》（DB 51/5027—2019）

《超低能耗居住建筑设计标准》（DB11/T 1665—2019）

《超低能耗居住建筑设计标准》（DB/T 29274—2019）

《四川省公共建筑节能设计标准》（DBJ51/T 143—2020）

《四川省绿色建筑运行维护标准》（DBJ51/T 092—2018）

《公共机构超低能耗建筑技术标准》（T/CECS 713—2020）（协会标准）

《全国民用建筑工程设计技术措施——电气》（2009 年版）

《能效标识清单》（CEL 001—035）

《VDI4707 电梯能效准则》

2.5 建筑供暖通风与空调设计

2.5.1 系统设计原则

系统的设计应根据建筑物的用途与功能、使用要求、冷负荷特点、环境情况以及能源状况等，结合国家有关安全、节能、环保、卫生等政策、方针，通过经济技术比较确定，将新技术、新工艺、新设备、新材料应用到设计中去。

首先，系统的设计方案不能与国家规范、地区行业标准冲突；在设计时需要满足当地环境指标要求；根据当地实际气象参数与供电、供热情况匹配；不违背当地水文资料。根据房间的使用功能和负荷特性，在满足人员舒适性要求的前提下确定合理的设计参数；计算准确、清晰并且格式规范；设备选型安全、可靠并考虑节能因素。

其次，在一些用电峰、谷期电费相差较大的地区，可以选用冰蓄冷的技术，利用夜间用电的低谷进行制冷蓄冰，白天时将冰块的冷量作为空调系统的冷源。从而达到节省能源，降低运行费用的效果。

如果在生产生活中产生废蒸气，可以选用溴化锂机组作为空调系统的冷（热）源，实现节省机组用电、节能经济的目的；如果产生废热，则可以将其作为冬季供热的热源，利用热交换器进行换热，这样可以节省冬季供热需要的热源，降低运行费用。

在系统设计时应合理利用天然绿色能源。海边的建筑可以将海水当作冷水机组的冷却水，从而降低循环水损耗产生的费用，也能减少对冷却塔的投资；地下水位较高的地区可以设计水源热泵系统。

最后，设计方案需要考虑环境指标要求，设备的选型要注意燃料的种类，尽量减少排放物中污染环境的物质；除尘设计的气体排放中的含尘颗粒大小、浓度需要满足相关规范要求；制冷剂不得选用国家明令禁用产品，推广新型无污染、能效高的产品；各类主机、风机、水泵等应尽量设计在机房内，在露天布置时需要考虑对环境的噪声污染；冷却塔等应尽量布置在远离外窗的区域。所谓持续发展性是指所设计方案不仅适用于当前，也应满足今后若干年正常运行的要求。

2.5.2　冷热源设备

1. 技术简介

目前使用的冷热源机组主要有电动机驱动的蒸气压缩循环式冷水（热泵）机组、直燃型和蒸气型溴化锂吸收式冷（温）水机组、单元式空气调节机、风管送风式和屋顶式空调机组、多联式空调（热泵）机组等常规机组以及磁悬浮离心机组。

磁悬浮变频离心式中央空调机组的核心是磁悬浮压缩机，将电磁轴承取代了传统的机械轴承，压缩机内没有了机械摩擦，从而提高压缩机效率。另外，磁悬浮压缩机采用了直流变频电动机，压缩机将交流电转化为直流电供给直流电机，并通过变频技术调节压缩机的输出。

2. 适用范围

适用于空调或供暖的各类民用建筑，其中磁悬浮变频离心式中央空调机组适用于对噪声有要求的中小型建筑，且不具备吊装条件的场合。

3. 设计要点

1）冷热源机组容量的确定

传统空调系统冷热源的选型是根据单位面积负荷热指标进行估算，但是由于建筑的保温性能不同，这种方法存在不科学性，若估算负荷偏大，即会导致装机容量、管道直径、水泵配置、末端设备偏大，从而造成建设费用和能源的浪费。因此合理确定机组的容量是非常重要的，《民用建筑供暖通风与空气调节设计规范》（GB 50736—2012）中规定"空调冷负荷必须进行逐时计算"。

2）冷热源机组选取

在进行机组选型时，要求蒸气压缩循环式冷水（热泵）机组、直燃型和蒸气型溴化锂吸收式冷（温）水机组、单元式空气调节机、风管送风式和屋顶式空调机组、多联式空调（热泵）机组的能效高于现行国家标准《建筑节能与可再生能源利用通用规范》（GB 55015—2021）的规定以及现行有关国家标准能效限定值。

2.5.3 输配系统

1. 技术简介

暖通空调输配系统包括冷冻水系统、冷却水系统、风系统以及动力设备。

进行水系统以及风系统设计时应满足《四川省绿色建筑设计标准》（DBJ51/T 037—2015）、《民用建筑供暖通风与空气调节设计规范》（GB 50736—2012）以及现行国家标准规范的要求。

在选取动力设备时主要针对高效水泵以及高效风机，"高效"即设备的效率达到或高于现行国家相关标准要求的节能评价值的要求。目前推广的高效节能水泵主要有单级单吸清水离心泵、单级双吸清水离心泵以及多级清水离心泵，常用的高效风机主要有离心通风机以及轴流通风机。

2. 适用范围

1）高效水泵

清水离心泵主要适用于温度低于 80 ℃ 的清水；

单级单吸清水离心泵主要适用于流量、扬程较小的场合；

单级双吸清水离心泵主要适用于流量较大的场合；

多级清水离心泵主要适用于流量小但是扬程大的场合。

2）高效风机

主要适用于无特殊结构和特殊用途的场合。

3. 设计要点

1）高效水泵选型

（1）流量与扬程计算。

选择水泵时首先需要满足最高运行工况下的扬程和流量；水泵的扬程和流量宜留有

10%的富余量。

（2）运行状态点设计。

为了保证水泵运行高效，水泵选型时应该使水泵的工作状态点应在机器最高效率的±10%的高效区内，并在 Q-H 曲线的最高点的右侧段上。

（3）水泵配置。

当循环水流量较大时，应考虑多台水泵并联运行，并联台数不超过 3 台，且并联时选择同型号水泵；对于多台水泵并联运行情况下部分台数运行时，应使得设备系统管网特性曲线平坦，以提高风机水泵的运行效率。

（4）高效风机选型。

① 风量计算。

风机选型时应该根据输送气体的性质进行选配，计算出最高运行工况下的全压和流量。考虑到风系统存在漏风情况，风机的风量应在计算值的基础上有所附加，一般在送排风系统中风量附加 5% ~ 10%，除尘系统中风量附加 10% ~ 15%，排烟系统中风量附加 15% ~ 20%。

② 压力计算。

同样对于风机的压力，也应在计算值的基础上进行一定附加。当系统采用定转速风机时，一般送排风系统风机的压力应附加 10% ~ 15%，除尘系统风压应附加 15% ~ 20%，排烟系统风压应附加 10%。当系统采用变频调速的风机，风机的压力仍以系统计算总压力损失作为额定压力，但风机的功率应在计算值上附加 15% ~ 20%。

③ 运行状态点设计。

为了使风机运行高效，风机的工作点应落在机器最高效率的±10%的高效区内，并在 Q-H 曲线最高点的右侧段上。除此之外，在选配风机时应检查风机配用的电动机轴功率是否满足使用工况下的功率要求。

④ 风机配置。

当系统所需风量较大时，应考虑多台风机并联运行，在选择多台风机并联时应选择同型号通风机。

⑤ 注意事项。

选择风机时应根据管路布置及连接要求确定风机叶轮转向以及出风口位置。尽量选用效率高、叶轮圆周速度低的风机减少噪声，并根据通风系统产生噪声和振动的传播方式，采取相应的消声和减振措施。

（5）高效水泵与风机能效指标。

《绿色建筑评价标准》（GB/T 50378）中指出：集中供暖系统热水循环泵的耗电输热比和通风空调系统风机的单位风量耗功率应符合现行国家标准《公共建筑节能设计标准》（GB/T 50189）等的有关规定，且空调冷热水系统循环水泵的耗电输冷（热）比应比现行国家标准《民用建筑供暖通风与空气调节设计规范》（GB 50736）规定值低 20%。

2）水泵、风机变频技术设计

《全国民用建筑工程设计技术措施节能专篇——暖通空调·动力》（2007 年版）中要求下列空调系统的循环水泵宜采用自动变速控制：一次泵变流量系统的空调冷水循环泵、二次泵系统的二级循环泵以及采用水-水或汽-水热交换器间接供冷、供热循环水系统的二次水循环泵。

变频器是变频技术的核心，其作用是将交流电（或直流电）变换为电压和频率可变的交流电。变频器的主要用于交流电动机的调速控制。选择变频器时应注意以下方面：

（1）变频器的额定容量：对应所适用的电动机功率＞电动机的额定功率。

（2）电流（压）匹配：变频器的额定电流（压）≥电动机的额定电流（压）。

（3）不应超工频运行。

（4）选用变频水泵及风机时，尽可能减少水泵与风机工作点参数的安全系数（裕量），从而扩大水泵与风机实际使用的频率调节范围。

（5）泵（风机）电机转速调节范围不宜太大，通常最低转速大于等于额定转速的 50%，一般在 70%~100%。

（6）变频泵的变频范围应能满足系统安全运行要求和系统流量变化要求。

2.5.4 末端系统

1. 技术简介

（1）末端设备是指供暖、通风与空调系统中把冷热送入房间最后的环节，末端形式的选择能够影响输配能耗、室内空气温湿度参数、气流组织、室内空气品质等多方面的空调效果。

（2）末端系统的设计以及安装要求应该满足《公共建筑节能设计标准》（GB 50189—2015）、《通风与空调工程施工规范》（GB 50738—2011）、《民用建筑供暖通风与空气调节设计规范》（GB 50736—2012）等相关国家和地方标准、规范的规定。

2. 适用范围

适用于空调或供暖的各类民用建筑。

3. 设计要点

（1）空调和供暖系统末端装置的规格，应根据房间冷热负荷计算结果确定。

（2）设计变风量全空气调节系统时，应采用变频自动调节风机转速的方式，并应在设计文件中标明每个变风量末端装置的最小送风量。

（3）建筑空间高度大于等于 10 m 且体积大于 10 000 m³ 时，宜采用辐射供暖供冷或分层空气调节系统。

（4）民用建筑采用散热器热水采暖时，应采用水容量大、热惰性好、外形美观、易于清洁的散热器。在保证安全的情况下，散热器应采用有利于散热的安装方式。

（5）当吊顶空间的净空高度大于房间净高的 1/3 时，房间空调系统不宜采用吊顶回风的形式。

（6）变风量末端系统的装置宜选用压力无关型。

（7）选用风机盘管加新风系统时新风宜直接送入空调活动区内。

（8）空调区内振动较大、油污蒸气较多以及产生电磁波或高频波等场所，不宜采用多联机空调系统。

（9）空气处理机组的选型，应经技术经济比较确定。空气冷却器的迎风面风速宜采用 1.5 ~ 2.3 m/s，冷媒通过空气冷却器的温升宜采用 9 ~ 13 ℃。

2.5.5　建筑能环智能控制系统

1. 技术简介

暖通空调自动控制是楼宇自控的重要组成部分，通过使用计算机通信技术、检测技术和控制技术实现对暖通空调系统运行的监测调控，在满足室内舒适度的同时实现系统高效运行。

暖通空调自动控制系统应用较广泛的主要是分布式控制系统，它是将若干台现场控制计算机分散在现场，由中央管理计算机实现集中监测管理，两者之间通过控制网络互联，以实现信息传输。

《绿色建筑评价标准》（GB/T 50378）规定：供暖通风空调照明等设备的自动监控系统应工作正常，且运行记录完整。暖通空调自动控制设计应满足《全国民用建筑工程设计技术措施——电气》（2009 年版）、《民用建筑供暖通风与空气调节设计规范》（GB 50736—2012）等相关规定的要求。

2. 适用范围

供暖、通风空调控制系统广泛适用于各类设置的中央空调系统、集中供暖系统的建筑。

3. 设计要点

1）控制参数的选择

控制参数的确定应从两个方面进行：一是作为最终被控对象使用参数，例如房间温湿度、空气洁净度等；二是保证最终控制结果所需要的中间过程（设备的联锁、启停等）及其参数（压差、阀门切换、电动机转速等）。前者与设计参数在很大程度上是等同的，后者则需要通过技术分析、人工干预（前馈与补偿控制、串级控制）等来实现。

2）控制系统的设置情况

空调系统控制内容可包括参数检测、参数与设备状态显示、自动调节与控制、工况自动转换、设备联锁、冷（热）计量以及中央监控与管理等。具体调控方式应根据建筑物的功能与房间要求、系统类型、设备运行时间以及工艺对管理的要求等因素，通过经济技术比较确定。

3）空调系统参数的检测

空调系统需要检测的参数包括：能够反映系统安全和经济运行的参数，用于系统主要性能计算和经济分析所需要的参数；另外仪表的选择和设置应与自动控制、报警和计算机监视等内容综合考虑；就地检测仪表应安装在便于观察的地点。

4）控制方式的设置

采用集中监控系统控制的动力设备，应设就地手动控制装置，并通过远程或就地转换开关实现远距离与就地手动控制之间的转换。

5）注意事项

（1）应对建筑供暖、通风及空调系统能源消耗总量进行分项、分级计量。

（2）冷热源应能根据负荷变化要求、系统特性或优化程序进行运行调节。

（3）建筑面积大于 20 000 m² 的公共建筑使用全空气调节系统时，宜采用直接数字控制系统。

（4）间歇运行的空气调节系统宜设置自动启停控制装置。

2.5.6　能量综合利用技术

1. 技术简介

能量综合利用技术主要包括冷却塔供冷、冷凝热回收、排风能量回收以及蓄冷蓄热系统。

建筑内某些房间由于个别原因需要常年进行供冷，因此可以利用过渡季节以及冬季室外自然冷源实现供冷。冷却塔供冷技术就是利用这一类冷源，在常规空调水系统的基础上增设部分管路和设备，当室外湿球温度低于某个限定值时，关闭制冷机组，由冷却水直接或间接向空调系统供冷，给建筑提供所需冷负荷。

由于空调系统在制冷时制冷机组会向大气环境排出大量冷凝热，造成热量浪费以及热污染，空调冷凝热回收利用主要是指利用这种冷凝热来加热或预热空调热水、卫生（生活）热水、生产工艺用热水或满足其他热用途的工作方式。

排风能量回收是指利用排风中的显热或潜热来预冷预热新风，让新风与排风在能量回收装置中进行热交换，以降低新风能耗的一种节能技术。

蓄冷技术主要是指在电力负荷低谷时段，利用蓄冷介质的潜热或显热将冷量贮存起来，在用电高峰时段将其释放，以满足建筑物的空调或生产工艺需冷量。

蓄热技术是指在电网低谷时段运行加热设备，对蓄热介质进行加热，使热能储存起来，在用电高峰期将其释放，以满足建筑物供暖或生活热水需热量。

2. 适用范围

1）冷却塔供冷技术

适用于需要全年供冷或是有需要全年供冷区的建筑。

2）冷凝热回收技术

适用于集中空调系统且有稳定热水需求的建筑。

3）排风能量回收技术

适用于严寒、寒冷及夏热冬冷地区，空调通风计算温度与排风温度差额在 15 ℃ 以上且需要独立新风系统的场所。

4）蓄冷（热）系统

根据《民用建筑供暖通风与空气调节设计规范》（GB 50736—2012）进行选择。

3．设计要点

1）冷却塔供冷技术

（1）室外切换温度取值。

在设计冷却塔供冷系统时，首先需要计算过渡季节和冬季时室内需要消除的典型冷负荷，选取合适的冷却水供水温度，然后根据冷却塔性能确定合理的水温降和室外切换温度。

间接供冷时，切换温度取 5～10 ℃，即室外大气湿球温度在这个范围内时，冷却塔才能通过板式换热器实现供冷；直接供冷时，切换温度取 8～13 ℃；夏热冬冷地区切换温度需要不超过 5 ℃。

（2）冷却水供水温度以及温差取值。

对于一般的办公、商场建筑，冷却水供水温度取 30～35 ℃，夏热冬冷地区最多取 32 ℃，冷却水温差取 5 ℃。

（3）板式换热器的选取。

对于每天运行时间低于 12 h 且负荷在 1000 kW 左右的冷却塔供冷系统，选择温差 1.5～2 ℃ 的板式换热器；对于全天 24 h 运行且负荷在 1500 kW 左右的系统，选择温差为 1 ℃ 的板式换热器。

（4）冷却水泵的配置。

直接供冷系统中，冷水环路中冷水泵应设置旁通，当冷却塔供冷时，冷水泵关闭，此时由冷却水泵提供循环水动力。因此，在设计系统时，要考虑转换供冷模式后，冷却水泵的流量及扬程与管路系统的匹配问题。

（5）供冷能力检验。

系统中冷却塔在按夏季冷负荷及夏季室外计算湿球温度选型后，应对冷却塔供冷能力进行校核，向冷却塔设备生产厂家索取低于 16 ℃ 湿球温度以下的冷却塔热工数据，以便于校核。

（6）注意事项。

直接供冷系统设计中应注意冷却水的除菌过滤，以防阻塞末端盘管，可以加设加药装置及在冷却塔及管路之间设置过滤装置。在寒冷地区，要注意冬季冷却塔防冻问题。

为了确保冷水机组供冷和冷却塔供冷平稳转换，应配置合适的阀门、仪表和可靠的自控系统。

2）冷凝热回收技术

（1）机组选择。

在确定制冷剂以及热回收装置的形式后，需要根据《空调系统热回收装置选用与安装》06K301-2 进行机组选择。

（2）机组容量选择。

选取机组容量时，要求机组既能满足生活热水供应的要求，又能极大限度利用冷凝热；既能保证空调日负荷总量不低于生活热水供应总量，又能使机组在较低部分负荷率运行时保持高效运行。

（3）蓄热水箱容量计算。

由于空调负荷与生活热水负荷有很大不同步性，为了解决这一问题，将蓄热水箱应用到设计中。水箱容量应满足公式：

$$V_e \geqslant \sum \frac{(q_k - q_{rh})\tau}{c\rho(t_r - t_L)}$$

式中：V_e——蓄热水箱的计算容积（m^3）；

　　　q_k——空调逐时负荷（kW）；

　　　q_{rh}——生活热水逐时负荷（kW）；

　　　τ——持所需时间，1 h；

　　　t_r——热水温度（℃）；

　　　t_L——冷水温度（℃）。

（4）注意事项。

由于热回收仅是制冷过程中的副产品，热水温度过高会影响冷水机组的效率，造成冷水机组运行不稳定，应通过辅助热源进一步提高热水或热风的温度，要求回收侧温度不宜高于 45 ℃。

3）排风能量回收技术。

目前常用的能量回收装置有转轮式、板式、板翅式、液体循环式以及热管式热回收装置，针对不同的能量回收装置分析设计要求：

（1）转轮式热回收装置。

① 在转轮的空气入口处应设置空气过滤器。

② 以下情况应设置旁通管：新风量大于排风量 20%时；过渡季节热回收装置不运行的系统。

③ 新风机和排风机的位置宜放置在出风位置侧，确保漏风量最少。

④ 要求新风入口处压力和排风出口处压力之差大于 200 Pa。

（2）板式热回收装置。

① 新风温度一般要求不低于-10 ℃。

② 新风进入换热器前需要进行净化处理。

（3）板翅式全热回收。

① 适用于一般通风空调工程，不能用于回风中有毒有异味等有害气体的系统。

② 过渡季节热回收装置不运行时应设置旁通管。

（4）液体循环式热回收装置。

① 一般情况下，循环液体采用水，为了防冻可以添加乙二醇水溶液。

② 一般情况下，换热器排数为 8 ~ 9 排。

③ 必须配置液体膨胀箱和循环水泵。

（5）热管式热回收装置。

① 保证冷热气流逆向流动。

② 换热器水平安装时需要有 5° ~ 7°倾斜。

③ 新风和排风的入口处需要设置空气过滤器。

④ 以下情况需考虑设置冷凝水排除装置：新风出口温度低于露点温度以及热气流含湿量比较大时。

（6）注意事项。

① 在进行排风能量回收系统时应充分考虑当地气象条件、回收系统的使用时间要求等，若系统的回收期过长则不宜使用该系统。

② 室内外温差较大的区域以及冬季需要除湿的空调系统宜采用显热型能量回收装置，其余情况下选用全热型能量回收装置。

③ 在空调使用场所应保持微正压。

④ 对于严寒地区，应考虑采用预热等保温措施。

4）蓄冷系统

（1）水蓄冷空调中蓄冷水槽的进、出水温差应尽量选取较大值，一般情况下应设置布水器保证工作效果，蓄冷水的温度通常取 4 ℃。

（2）对于一般民用建筑以及以降温为目的的工业建筑，水蓄冷空调的蓄冷温差可大于等于 10 ℃。如果蓄冷温差为 10 ℃，则蓄冷水槽的进、出水温度为 14 ℃ 和 4 ℃。

（3）为防止蓄冷水槽结露，需要进行绝热处理。

（4）冷水机组可串联以减少电耗，每一级降温 5 ℃，第一级的出水温度取 9 ℃，其蒸发温度高于空调工况；第二级的出水温度为 4 ℃，其蒸发温度低于空调工况。

（5）冰蓄冷空调在系统设计时应充分利用建筑筏式箱形基础的空间、室外绿地、停车场等地下空间布置蓄冷槽，尽量少占建筑有效面积和空间。

（6）冰蓄冷空调的保温材料宜采用闭孔橡塑制品。对于露天布置的蓄冰槽，在保温层外需覆盖隔汽、防潮层及防护层；外部应设反射效果强的护壳或涂层以减少太阳辐射的影响，运行时蓄冰槽应达到"零渗漏"。

（7）采用蓄冰空调时应优先考虑应用到大温差低温送风的空调系统（送风温度 ≤10 ℃）。

（8）蓄冰空调系统与空气调节末端设备连接时应注意：冷负荷大于 1800 kW 时，采用间接供冷的方式；冷负荷小于 700 kW 时，采用直接供冷的方式；冷负荷介于二者之间时，根据项目情况确定。

（9）进行间接供冷时，应对载冷剂侧设置自控环节，当载冷剂侧水温低于 2 ℃ 时，自动开启冷水侧的循环泵。

（10）对于冷冻水温差 ≤6 ℃ 的系统，可以采用并联和串联，对于温差 ≥8 ℃ 的系统采用串联。

（11）对于大型区域供冷和低温送风工程，常采用外融冰装置；对于单体建筑的常温及低温送风工程，常采用内融冰装置。

（12）在进行运行策略分析时，应注意蓄冰装置不同时其融冰速率的差异。

5）蓄热系统

（1）尽量采用节能环保新产品，电锅炉平均运行热效率不应低于 94%。

（2）一般蓄热系统的蓄热温度为 90 ℃，采用板式换热器与末端隔开时，一次供/回水温度为 90 ℃/95 ℃，二次供/回水温度为 60 ℃/50 ℃，蓄热温差为 35 ℃。

（3）为提高蓄热系统的效率，开式蓄热装置可采用并联流程，箱体内水量按多次混水流、小温差计算。

（4）一般通过板式热交换器将蓄热系统与用热系统进行隔离以提高系统的效率。

（5）在选用蓄热循环水泵时应采用热水专用泵，对于电蓄热系统应采用水泵变频技术。

（6）高温蓄热装置应符合《压力容器安全技术监察规程》，系统应有多重保护措施。

（7）蓄热装置不应与消防水池合用。

（8）开式系统的蓄热温度应低于 95 ℃，以免发生气化。

2.5.7　室内空气品质监测

1. 技术简介

室内空气品质中的有害物质限量应符合《室内空气质量标准》（GB/T 18883）的规定。另外在日常的室内品质监测中检测指标还包含 CO_2 浓度以及 CO 浓度监控。为改善室内空气品质常采用的技术有 PM2.5 新风系统以及空气净化技术。

CO_2 浓度监控系统是利用 CO_2 浓度传感器对主要位置的二氧化碳浓度进行数据采集，浓度超标时能实现报警，并与新风系统实现联动控制，以此来保证室内空气品质。《室内空气质量标准》（GB/T 18883—2002）要求，室内 CO_2 浓度的日平均值要求限值为 0.1%。

CO 浓度监控通过探测器对 CO 气体进行采样，监控 CO 浓度变化，并按照一定的控制策略，与地下室送风系统实现联动控制，以保证地下室 CO 浓度在安全限值范围内的技术措施。《室内空气质量标准》（GB/T 18883—2002）对于 CO 浓度的限值要求为 1 h 的平均浓度不超过 10 mg/m³。

PM2.5 新风系统是用通风方法将污浊空气排至室外，把符合卫生要求的新鲜空气送入室内，从而改善室内空气环境。

空气净化技术是指对室内空气污染进行净化，以提升室内空气品质，改善居住、办公条件等一系列技术的总称。空气净化主要是通过空气净化装置实现。

2. 适用范围

1）CO_2 浓度监控

适用于人员密度大、使用时间不固定的公共建筑以及人员较为集中的办公建筑或者功能性房间。

2）CO 浓度监控

适用于民用建筑地下车库内。

3）PM2.5 新风系统

适用于所有民用建筑。

4）空气净化技术

适用于所有需要改善室内空气质量的民用建筑。

3．设计要点

1）CO_2 浓度监控

CO_2 浓度传感器在监控系统中起着重要作用。在选取安装 CO_2 浓度传感器时应注意以下问题：

（1）安装位置的确定。

CO_2 浓度传感器可布置在室内回风口处，另外由于室内人员呼吸区域位于 1.2～1.5 m 高处，因此也可设置在离地面 1.2～1.5 m 处。

（2）设置数量的确定。

CO_2 浓度传感器的设置数量应根据新风系统控制区域的面积大小进行确定：小于 50 m²，1 个；50～100 m²，2 个；100～500 m²，不少于 3 个；500～1000 m²，不少于 5 个；1000～3000 m²，不少于 6 个；3000 m²以上，每 1000 m²不少于 3 个。

（3）量程精度要求。

根据《室内空气质量标准》（GB/T 18883—2002）规定：室内 CO_2 浓度的日平均值要求限值为 0.1%，因此测量范围宜为 0～0.2%，精度为：±5%。

2）CO 浓度监控

在选取安装 CO 浓度传感器时应注意以下问题：

（1）安装位置的确定。

该指标主要反映的是某一区域的平均 CO 浓度，因此安装位置不应位于汽车尾气直接喷到的地方；同时也要尽量避开送排风机附近气流直吹的地方，一般安装在距地面 2～2.5 m 高的位置。

（2）安装数量的确定。

根据地下室面积大小，每 300～500 m² 布置一个 CO 传感器，或者根据送排风系统划分控制的区域，每个送排风系统布置一个 CO 传感器。

（3）量程精度要求。

根据《室内空气质量标准》（GB/T 18883—2002）规定：对于 CO 浓度的限值要求为 1 h 的平均浓度不超过 10 mg/m³，因此 CO 传感器的测量范围建议为 0～20 mg/m³，精度为±0.05 mg/m³。

3）PM2.5 新风系统

在进行新风系统设计时主要要求如下：

（1）去除率指标。

应配备针对细颗粒物的高效过滤器，且 PM2.5 的去除率应在 90% 以上。

（2）噪声要求。

集中式除霾新风系统的户内噪声主要来源于风口，因此设计时应选择合适的风速。分户式除霾新风系统的户内噪声主要来源于除霾新风机组，设计时应选择具有静音设计的除霾新风主机。

（3）室内气流组织要求。

为了避免出现气流短路，除霾新风口和排风口成对角线布置，优先选择下送风的系统形式。

4）空气净化技术

目前市场上空气净化技术主要包括过滤技术、活性炭吸附技术、膜分离技术、水洗净化技术、负离子技术以及光催化技术等。针对不同的污染物类型应当选择合适的净化技术：

（1）悬浮颗粒物。

主要的净化技术是过滤、静电、负离子和水洗净化，其中过滤技术是目前普遍采用的颗粒物净化手段。

（2）有害气体。

最有效的方法是将活性炭作为吸附材料实现吸附净化，其次是光触媒和等离子体净化方法。

（3）微生物。

最有效的净化方法是紫外线照射，其次是光触媒和等离子体净化。

2.5.8　本节相关标准、规范、图集

《公共建筑节能设计标准》（GB 50189—2015）

《民用建筑供暖通风与空气调节设计规范》（GB 50736—2012）

《房间空气调节器能效限定值及能源效率等级》（GB 12021.3—2010）

《转速可控型房间空气调节器能效限定值及能源效率等级》（GB 21455—2008）

《多联式空调（热泵）机组能效限定值及能源效率等级》（GB 21424—2008）

《直燃型溴化锂吸收式冷（温）水机组》（GB/T 18362—2008）

《蒸汽和热水型溴化锂吸收式冷水机组》（GB/T 18431—2014）

《单元式空气调节机能效限定值及能源效率等级》（GB 19576—2004）

《冷水机组能效限定值及能源效率等级》（GB 19577—2004）

《清水离心泵能效限定值及节能评价值》（GB 19762—2007）

《通风机能效限定值及能效等级》（GB 19761—2009）

《通风与空调工程施工规范》（GB50738—2011）

《智能建筑设计标准》（GB 50314—2015）

《智能建筑工程质量验收规范》(GB 50339—2013)

《室内空气质量标准》(GB/T 18883—2002)

《工业建筑供暖通风与空气调节设计规范》(GB 50019—2015)

《民用建筑工程室内环境污染控制规范》(GB 50325—2010)

《空调通风系统运行管理规范》(GB 50365—2019)

《建筑节能与可再生能源利用通用规范》(GB 55015—2021)

《室内环境空气质量监测技术规范》(HJ/T 167—2004)

《民用建筑电气设计规范》(JGJ 16—2008)

《空调冷凝热回收设备》(JG/T 390—2012)

《蓄冷空调工程技术规程》(JGJ 158—2008)

《绿色建筑运行维护技术规范》(JGJ/T 391—2016)

《四川省绿色建筑设计标准》(DBJ51/T 037—2015)

《四川省绿色建筑运行维护标准》(DBJ51/T 092—2018)

《空气净化器能源效率限定值及能源效率等级》(DB 31/622—2012)

《空调系统热回收装置选用与安装》(06K301-2)

《全国民用建筑工程设计技术措施——电气》(2009 年版)

《实用供热空调设计手册》(第 2 版)

《全国民用建筑工程设计技术措施 节能专篇——暖通空调·动力》(2007 年版)

2.6 建筑给水排水设计

建筑给水排水超低能耗设计主要从给水与排水系统节能、生活热水系统节能、节水系统三大角度出发,在满足建筑与用户水资源需求的同时,通过优化三大系统达到节能和节约水资源的目的。

2.6.1 给水与排水系统设计

1. 技术简介

建筑给排水系统实际上分为建筑给水系统和建筑排水系统。建筑给水系统含生活给水系统、生产给水系统、消防给水系统三种基本给水系统及根据具体情况进行组合的其他给水系统。建筑给水系统主要由引入管、水表节点、给水管网、配水或用水设备以及给水附件(阀门)等五大部分组成。建筑给水方式的基本形式包括市政直接给水、水泵水箱加压给水。

建筑排水系统包含建筑生活排水系统、屋面雨水排水系统及工业生产污废水排水系统。对于民用建筑排水系统一般由卫生器具或生产设备的受水器、排水管道、清通设施、通气管道、污废水的提升设备和局部处理构筑物组成。排水方式包括重力排水和水泵提升排水。

选用何种方式满足建筑的给水和排水要求，对整个给排水系统的管道布置方式、设备选用都有重大影响，从而影响整个建筑的能耗和水资源消耗。因此，选用合理的给水、排水方式能够有效满足建筑的能耗要求。

2. 适用范围

适用于民用居住和公共建筑。

3. 设计要点

1）给水与排水方式设计要点

（1）对于能通过市政供水满足用水需求的建筑物或用水点，给水系统充分利用市政给水管网压力直接供水，避免增设二次加压给水系统，增加建筑能耗。

（2）对于无法直接采用市政供水的区域，应根据建筑性质、高度、功能分布、物业管理等情况，综合选用适宜的加压供水方式。比如对于超高层建筑应综合计算对比工频水泵-高位水箱、变频水泵-高位水箱等供水方式的能耗值，作为加压供水方式选择条件之一。

（3）生活热水系统分区供水时，各分区的静水压力不大于 0.45 MPa，入户管供水压力不大于 0.35 MPa，除特殊卫生器具用水压力外，一般给水系统用水点处供水压力不大于 0.20 MPa。

（4）生活给水加压泵房服务半径应符合当地供水主管部门的要求，宜设置在建筑物或建筑小区的中心部位，且居住建筑不应大于 500 m，大型公共建筑不宜大于 300 m，不应大于 500 m；当设置低位水池（箱）时，低位水池（箱）宜设置于地下一层及以上，从而减少水泵吸水池（箱）与用水点高差。

（5）地面以上的生活排水、场地雨水，采用重力流系统进行收集排放。

（6）对于需采取设备提升进行排水时，应根据排水范围、排水量就近收集后就近排放。

2）给排水设备设计要点

在民用建筑给水设备中，其主要耗能设备为生活给水系统、非传统水源给水系统中的加压泵，因此对于该类加压水泵需采用高能效产品，其水泵效率不低于现行国家标准《清水离心泵能效限定值及节能评价值》（GB 19732）规定的节能评价值，水泵应在其高效区运行。

2.6.2 生活热水系统设计

1. 技术简介

建筑热水供应系统分为局部热水供应系统、集中热水供应系统和区域热水供应系统。其中局部热水供应系统指供给单栋别墅、住宅的单个住户、公共建筑的单个卫生间、单个厨房餐厅或淋浴间等用房热水的系统；集中热水供应系统，是指供给一栋（不含单栋别墅）、数栋建筑或供给多功能单栋建筑中一个、多个功能部门所需热水的系统。典型的集中热水供应系统由热源热媒系统、第一循环系统、第二循环系统组成。热源热媒系统是由用以制取热水的能源及传递该能源的载体构成的系统；第一循环系统是由热水锅炉或热水机组与水加热器或贮热水罐之间组成的循环系统；第二循环系统由水加热器或贮热水罐与热水供、回水管道组成。

热水供水方式按加热方式可分为直接加热和间接加热两种，按管网与大气的连通的情况可分为开式与闭式。

按热水管网热水循环动力不同可分为机械循环和自然循环两种，按循环管网完善程度可分为全循环、半循环和无循环，按供水制度可分为全日制和定时制热水供应系统，按配水管的设置还可分为单管与双管供水系统，按热水供水横干管的位置不同可分为上行下给和下行上给两种方式。

2. 适用范围

适用于有热水需求的民用建筑。

3. 设计要点

1）居住建筑生活热水系统节能

居住建筑生活热水系统一般为局部热水供应系统，应根据用户需求选用适宜的供应系统，并按下列要求进行设置。

（1）普通住宅及用水点分散、日用水量（按 60 ℃ 计）小于 5 m³的其他居住建筑采用局部热水供应系统。

（2）普通住宅、宿舍等单栋建筑设集中热水供应时，采用定时集中热水供应系统。

（3）建筑小区设置集中热水供应系统时，首先采用具有稳定、可靠的余热、废热、地热作为生活热水热源，其次宜充分利用太阳能、空气源热泵、地源热泵等可再生能源，有条件时可采用空调机组余热回收，并通过经济技术比较后确定。

（4）集中热水系统水加热设备机房设置在给水加压泵房附近，且靠近耗热量最大或设计有集中热水供应的最高建筑，当集中热水供应系统设有专用热源站时，水加热设备机房与热源站宜相邻设置；水加热站室的服务半径不宜大于 300 m。

（5）集中热水供应系统设置热水循环系统，其热水配水点保证出水温度不低于 45 ℃的时间不应大于 15 s；采用合理的循环管道布置方式，减少能耗；对使用水温要求不高且不多于 3 个的非沐浴用水点，当其热水供水管长度大于 15 m 时，可不设热水回水管。

（6）生活热水系统采取保证用水点处冷、热水供水压力平衡和稳定的措施。

（7）热水锅炉、燃油（气）热水机组、水加热设备、贮热水罐、分（集）水器、热水输（配）水、循环回水干（立）管应做保温，保温层的计算和构造按现行国家标准《设备及管道绝热设计原则》（GB/T 8175）执行，管件、阀门等管道附件等采取管道相同的保温厚度。

2）居住建筑生活热水设备节能

居住建筑生活热水加热设备一般采用分散式加热设备为主，主要包括户式燃气热水器与电热水器，当采用该设备或其他设备时应满足下列要求：

（1）居住建筑采用户式燃气热水器作为生活热水热源时，采用一级能效产品，户式燃气热水器的热效率值不低于98%。

（2）居住建筑采用户式电热水器作为生活热水热源时，采用一级能效产品，其24 h固有能耗系数不大于0.6，其热水输出率不小于70%。

（3）选择热效率高，换热效果好，生活热水侧阻力损失不大于0.1 MPa的水加热设备，安装出水温度可根据其贮热调节容积大小分别采用不同温级精度要求的自动温度控制装置。

3）公共建筑生活热水系统节能

由于公共建筑种类繁多，热水系统需综合考虑用水需求、能耗等因素确定。公共建筑热水系统可按下列要求设计，其中对于采用局部供热系统的公共建筑，其设计要点应不低于前述居住建筑的相关要求：

（1）生活热水系统用水量较小、用水点分散时，采用局部加热供应系统。热水用水量较大、用水点集中时，采用集中热水供应系统。

（2）集中热水供应系统的公共建筑，综合考虑采用余热、废热、太阳能、空气源热泵等作为热水供应的热源，有条件时可考虑多种能源互补。

（3）除有其他用蒸气要求外，集中热水供应系统不采用燃气或燃油锅炉制备蒸气作为生活热水的热源或辅助热源。

（4）对锅炉等加热设备排出的高热废水进行热回收利用。

（5）按60 ℃计的生活热水最高日总用水量不大于5 m³，或人均最高日用水定额不大于10 L的公共建筑，可根据当地电力情况，采用市政供电直接加热作为生活热水供应系统的主体热源。

（6）以燃气或燃油作为热源时，采用燃气或燃油机组直接制备热水。

（7）集中热水供应系统采取保证用水点冷、热水供水压力平衡和供水温度稳定的技术措施，热水供水分区宜与用水点处的冷水分区一致；当不能满足时，采取保证系统冷热水压力平衡的措施；在热水用水点处设置带调节压差功能的混合器、混合阀。

（8）集中热水系统设置热水循环系统，热水循环泵的启、停控制温度应根据热水最不利用水点处控制水温或温度控制。探测装置设置点位置经计算确定，对热水使用要求高的用户或热水支管较长且难以进行循环的热水供水支管，采用电伴热方式保证无循环热水支管的热水供应满足相关要求；热水循环泵根据使用要求采用分时段运行控制。

（9）公共建筑小区内设有集中热水供应系统的热水循环管网服务半径不宜大于300 m，且不应大于500 m。其热水制备间设置在热水用水量较大的建筑附近。

（10）热水供应系统的设备和管道应做保温，保温层的厚度应经计算确定。水加热器、储热器、分（集）水器、从热源或热水炉来的热媒管道等设备管道必须做保温。

（11）对集中热水供应系统进行监测和控制，包括对系统热水耗量、系统总供热量值、每日用水量、供水温度进行监测，对设备运行状态宜进行检测及故障报警，对于装机数量大于等于3台的工程，采用机组群控方式。

4）公共建筑生活热水设备节能

公共建筑生活热水设备中如采用分散式热水设备应不低于前述居住建筑分散式热水

设备的参数要求，集中供热系统相关设备还应满足以下要求：

（1）对于水加热设备应选用热效率高、温控可靠、热效果好的设备，且具有适宜精度的自动温度控制装置。

（2）采用空气源热泵热水机组制备生活热水时，热泵热水机在名义制热工况和规定条件下，性能系数（COP）不宜低于表 2-23 的规定，并应有保证水质的有效措施。

表 2-23　热泵热水机性能系数（COP）（单位：W/W）

制热量 H/kW	热水机型式		普通型	低温型
$H<10$	一次加热式、循环加热式		4.40	3.60
	静态加热式 不提供水泵		4.40	—
$H\geqslant10$	一次加热式		4.40	3.70
	循环加热	不提供水泵	4.40	3.70
		提供水泵	4.30	3.60

2.6.3　节水设计

1. 技术简介

建筑节水贯穿于整个建筑给水系统，包括生活给水系统节水、生活热水系统节水、绿化浇洒杂用水系统节水等各个给水系统。因此要达到项目的节水目的，需在各类给水系统中进行节水设计，前述生活给水系统及生活热水系统中已通过采取一些措施如采用机械循环保障热水温度，减少调节水温等带来的水资源浪费，再如通过稳定的用水点压力减少用水器具的喷溅等造成的水资源浪费。

除上述节水措施外，还需从节水系统、节水器具、用水计量、管道漏损控制、非传统水源利用等方面进行节水设计。

节水系统主要指采用高效的节水灌溉与冷却水技术，减少绿化灌溉和冷却设备的用水需求。传统的绿化浇洒系统一般采用漫灌或人工浇洒，无法对植物进行及时、精确的浇灌，还往往会因为过量浇洒造成水的浪费，而节水灌溉比地面漫灌省水 50%～70%，具有很好的节水效果。

建筑使用的生活用水器具的节水性能对建筑的节水效果有极大的影响，目前常用的生活用水器具主要包括水龙头、坐便器、小便器、淋浴器等。

作为水传输的载体，管道系统的完好与否直接影响到建筑物水量和水质的情况，为避免管道破裂、损坏带来的水量漏损和水质污染，需对管道系统从材质选择、管道防腐、管道埋深等方面进行控制。

用水计量是对建筑物用水量监管的重要内容方法，只有建立了完善的水资源计量和管理体系，才能对整个建筑物的用水情况进行评判与优化，其包括采用分级水表对给水系统进行水平衡测试和采用远传水表对数据进行及时分析。

雨水收集与回用系统是实现项目节水的重要途径之一，一般来说，雨水收集与处理系统吨水成本低于自来水，具有一定的经济优势，并符合近年来海绵城市建设的要求，能起到缓解城市内涝的作用。

2. 适用范围

适用于民用建筑。

3. 设计要点

1）节水系统

（1）绿化灌溉应根据绿地面积大小、管理形式、植物类型和水压等因素，选择不同类型的高效节水灌溉方式，如滴灌、微喷灌等，其水源优先选择雨水、再生水等非传统水源，并通过采用湿度传感器精确控制用水量。

（2）空调冷却水系统采用节水技术，循环冷却水系统采取设置水处理措施、加大集水盘、设置平衡管或平衡水箱等方式，避免冷却水泵停泵时冷却水溢出，或采用分体空调、地源热泵等无蒸发耗水量技术。

2）计量装置

（1）进入住宅小区用地红线的引入管设置总水表。用地红线内总水表后的给水系统应根据给水用途和管理要求设置分级计量水表或分户水表。

（2）进入公共建筑或公共建筑小区用地红线的引入管设置总水表，用地红线内的给水系统应根据建筑类型、用水对象和管理要求等因素设置二级计量或多级计量水表。

（3）采用远传水表对用水数据进行采集和分析。

3）节水器具与设备

（1）卫生器具采用一级节水效率设备，且卫生器具及其配件符合现行国家标准《节水型卫生洁具》（GB/T 31436）、《节水型产品通用技术条件》（GB/T 18870）的相关规定。

（2）道路、车库冲洗等采用高压水枪等节水设备进行冲洗。

4）管道漏损控制

（1）管道埋深不宜过深或过浅。埋深过深可能会使管道无法承受覆土的重量容易破裂；埋深过浅，管道无法承受机动车荷载破裂。管道覆土厚度不小于 0.7 m。

（2）给水系统使用耐腐蚀、耐久性好的管材、管件和阀门，且管材、管件和阀门的工作压力不得大于其产品标准标称的允许工作压力，以减少管道系统的漏损，漏损率控制在 5%以下。

5）雨水收集回用系统

（1）对于年降雨量大于 400 mm 的地区宜采用雨水收集回用系统。

（2）对于有排洪防涝要求且缺水的场所应设置调蓄及回用系统。

（3）雨水收集回用系统应设置在场地低处并最大范围程度收集项目内雨水。

2.6.4　本节相关标准、规范、图集

《建筑给水排水与节水通用规范》(GB 55020—2021)

《建筑给水排水设计标准》(GB 50015—2019)

《建筑与小区雨水控制及利用工程技术规范》(GB 50400—2016)

《清水离心泵能效限定值及节能评价值》(GB 19762—2007)

《设备及管道绝热设计原则》(GB/T 8175—2008)

《建筑节能与可再生能源利用规范》(GB 55105—2021)

《储水式电热水器能效限定值及能效等级》(GB 21519—2008)

《家用燃气快速热水器和燃气采暖热水炉能效限定值及能效等级》(GB 20665—2015)

《民用建筑节水设计标准》(GB 50555—2010)

《室外给水设计标准》(GB 50013—2018)

《节水型卫生洁具》(GB/T 31436—2015)

《节水型产品通用技术条件》(GB/T 18870—2011)

《节水灌溉工程技术规范》(GB/T 50363—2018)

《绿色建筑运行维护技术规范》(JGJ/T 391—2016)

《四川省绿色建筑运行维护标准》(DBJ51/T 092—2018)

2.7　可再生能源

2.7.1　地热能

1. 技术简介

根据《浅层地热能利用通用技术要求》(GB/T 38678—2020),浅层地热能指从地表至地下 200 m 深度范围内,储存于水体、土体、岩石中,温度低于 25 ℃,采用热泵技术可提取用于建筑物供热或制冷等的地热能。

地源热泵系统是指以岩土体、地下水或地表水为低温热源,由水源热泵机组、地热能交换系统、建筑物内系统组成的供热空调系统。根据地热能交换系统形式的不同,地源热泵系统分为地埋管地源热泵系统、地下水地源热泵系统和地表水地源热泵系统。

地下水换热系统:与地下水进行热交换的地热能交换系统,分为直接地下水换热系统和间接地下水换热系统。直接地下水换热系统是指由抽水井取出的地下水,经处理后直接流经水源热泵机组热交换后返回地下同一含水层的系统。间接地下水换热系统是指由抽水井取出的地下水经中间换热器热交换后返回地下同一含水层的系统。

地表水换热系统:与地表水进行热交换的地热能交换系统,分为开式地表水换热系统和闭式地表水换热系统。开式地表水换热系统是指地表水在循环泵的驱动下,经处理直接流经水源热泵机组或通过中间换热器进行热交换的系统;闭式地表水换热系统是指

将封闭的换热盘管按照特定的排列方法放入具有一定深度的地表水体中，传热介质通过换热管管壁与地表水进行热交换的系统。

地埋管换热系统：传热介质通过竖直或水平地埋管换热器与岩土体进行热交换的地热能交换系统，又称土壤热交换系统；根据管路埋置方式不同，分为水平地埋管换热器和竖直地埋管换热器。水平地埋管换热器是指换热管路埋置在水平管沟内的换热器。竖直地埋管换热器是指换热管路埋置在竖直钻孔内的换热器。

2. 适用范围

地源热泵系统的特点及适用范围见表2-24。

3. 设计要点

1）地下水地源热泵系统

（1）系统选择。

热泵机组与水源的连接使用方式，有直接使用与间接使用两种类型。根据水源的水温、水质、水量和机组的总用水量，确定采用直接或间接式系统。

采用集中设置的机组时，抽水井的供水水质或经水处理后的水质满足热泵机组对水质的要求时，宜采用直接地下水换热系统；地下水水质、水温不能满足水源热泵机组的使用要求或水处理成本过高时，宜采间接地下水换热系统，在地下水和水源热泵机组之间增设中间换热器；采用分散小型式机组时，应设板式换热器间接系统。

（2）系统设计。

① 水质处理要求。

进入机组的水源水质应达到循环冷却水的水质标准，地下水的水质处理应采用简单的机械、物理处理方式。为了确保回灌后不会引起区域性地下水水质的污染，要求回灌水的水质应优于地下水的水质，因此，严禁采用化学处理方式。

应根据不同的水质，采取相应的技术措施，如：为避免机组和管网遭受磨损，可在水系统中加装旋流除砂器；如果工程场地面积较大，也可修建沉淀池除砂；对于浑浊度大的水源应安装净水器或过滤器对其进行有效过滤等。

经过处理后仍达不到规定时，应在地下水与水源热泵机组之间加设中间换热器。对于腐蚀性及硬度高的水源，应设置抗腐蚀的不锈钢换热器或钛板换热器。当水温不能满足水源热泵机组使用要求时，可通过混水或设置中间换热器进行调节，以满足机组对温度的要求。

② 热源井形式与适用范围。

热源井是地下水热泵空调系统的抽水井和回灌井的总称，其适用范围见表2-25。其中抽水井和回灌井的数量和位置，应根据专项勘察报告以及地下水位的季节性动态变化、影响半径等参数，结合工程开发情况和换热系统用水方案确定。

表 2-24 地源热泵系统

类型与图示	特点		适用范围
	优点	缺点	
地下水地源热泵系统	可以充分利用地下水、地表水等低品位能源; 不向空气排放热量、无污染物排放; 可制冷制热制取生活热水	当水源水质较差时,水质处理比较复杂; 取水构筑物烦琐,使用地下水时,很难确保 100% 回灌	地下水源水量充足、水温水质适宜、供水稳定、回灌流畅、不污染和浪费地下水的建筑物
地表水地源热泵系统			附近有长期稳定、充足的江、河、湖、海浅层地下水等天然水资源的建筑物; 工业废水热电厂冷却水、污水处理厂等排出的再生水资源可以利用,且水温适宜的建筑物
地埋管地源热泵系统	系统 COP 值高,末端如果采用辐射供暖/冷系统夏天较高的供水温度,冬天较低的供水温度可以提高系统 COP 值; 节能性好; 系统寿命可达 50 年等优点	系统占地面积大,初投资较高	周围有可供埋设地下换热器的较大面积的绿地或其他空地的建筑物; 当地具有浅层岩土层季节蓄能的地质条件; 全年由供冷和供热需求,且冬、夏季的负荷相差不大的建筑物

表 2-25　地下水取水构筑物的形式及适用范围

形式	尺寸	深度	适用范围				出水量
			地下水类型	地下水埋深	含水层厚度	水文地质特征	
管井	井径 50～1000 mm，常用 150～600 mm	井深 20～1000 m，常用 300 m 以内	潜水、承压水、裂隙水、溶洞水	200 m 以内，常用在 70 m 以内	大于 5 m 或有多层含水层	适用于任何砂、卵石、砾石地层及构造裂缝隙、岩溶裂隙地带	单井出水量 500～600 m³/d，最大可达 20 000～30 000 m³/d
大口井	井径 1.5～10 m，常用 3～6 m	井深 20 m 以内，常用 6～15 m	潜水、承压水	一般在 10 m 以内	一般为 5～15 m	砂、卵石、砾石地层，渗透系数最好在 20 m/以上	单井出水量 500～10 000 m³/d，最大可达 20 000～30 000 m³/d
辐射井	集水井直径 4～6 m，辐射管直径 50～300 mm，常用 75～150 mm	集水井深 3～12 m	潜水、承压水	埋深 12 m 以内，辐射管距降水层应大于 1 m	一般大于 2 m	补给良好的中粗砂、砾石层，但不可含有漂砾	单井出水量 5000～50 000 m³/d，最大可达 10⁵ m³/d

③抽水井抽水泵选型。

抽水井抽水泵选型，首先要考虑水质情况选择水泵类型。根据总供水量和单井出水量确定井泵的流量和数量。抽水泵的扬程等于动水位液面到泵座出口测压点的垂直距离与系统阻力之和，还应考虑 10%～15% 的安全系数。

④水源供水管道系统设计。

灌井内都安装抽水泵，以便使抽水井与回灌井能方便地转换；抽水井和回灌井应安装计量水表，井口应设置检查井，应方便水泵检修和阀门调节。

室外管道宜采用埋地敷设，其埋地深度应根据当地土壤冰冻线、外部荷载、管材性能、抗浮要求及与其他管道交叉等因素确定。抽水管和回灌管上应设排气装置、水样采集口及监测口；管道一般应埋地敷设，宜进行绝热处理，以减小管道温升（降）；金属管道应作防腐处理。

（3）注意事项。

①地下水系统宜采用变流量设计，根据空调负荷的变化，动态调节地下水用水量。

②为了保护地下水资源，维持地下水储量平衡，保证地下水水源热泵系统长期安全运行，必须采取回灌措施。回灌量大小与水文地质条件、成井质量、回灌方法等有关。

③"回扬"是预防和处理井管堵塞的主要方法与途径，回扬就是在回灌井中开泵进行抽水，其目的是通过抽水清除堵塞含水层和井管的杂质。通常在发现回灌量明显减少时，必须进行回扬。

2）地埋管地源热泵系统

（1）系统选择。

地埋管换热器系统有水平和竖直两种埋管方式，在现场工程勘察结果的基础上，综合现场可用地表面积、岩土类型和热物性参数以及钻孔费用等因素，确定地埋管换热器采用水平埋管还是竖直埋管方式。通常，大多数采用竖直埋管方式；只有当建筑物周围有很多可利用的地表面积，浅层岩土体的温度与热物性受气候、雨水、埋设深度影响较小时，或受地质构造限制时才采用水平埋管方式。

水平地埋管具有埋深浅的特点，初投资较低，开挖及埋管费用均低于竖直埋管系统，但需要充分利用浅地层自然恢复能力保持浅地层温度的稳定。竖直埋管因钻孔问题导致初投资较高，同时在埋深较深时对管子承压有要求，但其占地面积小，地温受气象条件影响，因而比较稳定。

（2）系统设计。

① 地埋管管材及管件。

地埋管应采用化学稳定性好、耐腐蚀、导热系数大、流动阻力小的塑料管材及管件，宜采用聚乙烯管（PE80 或 PE100）或聚丁烯管（PB），不宜采用 PVC 管。管件与管材应为相同材料。

地埋管质量应符合国家现行标准中的各项规定。管材的公称压力及使用温度应满足设计要求，且管材的公称压力不应小于 1.0 MPa。

② 传热介质选择。

根据地埋管换热器的匹配情况，利用软件对传热介质的温度进行模拟计算，如果冬季地下埋管进水温度在 5 ℃以上，可采用水作为工作流体；当进水温度低于 5 ℃时，应使用防冻液。选择防冻剂时，应同时考虑防冻剂对管材与管件的腐蚀性，防冻剂的安全性、经济性及其换热特性。目前应用较多的防冻剂主要有盐类溶液、乙二醇水溶液、酒精水溶液、钾盐水溶液。

在计算水泵扬程的时候，一定要考虑流体的黏度影响。具体的修正系数取决于防冻液的类型。在进行循环泵设计时需要厂家进行系数的修正。

③ 负荷计算。

地埋管换热系统设计应进行全年动态负荷计算，最小计算周期宜为 1 年。在计算周期内，地源热泵系统总释热量宜与其总吸热量相平衡。

地埋管换热系统的设计放热量和设计吸热量相差不大的工程，应分别按供冷与供热工况进行地埋管换热器的长度计算，并取其较大者确定地埋管换热器的长度。当两者相差较大时，宜进行技术经济比较，通过增加辅助热源或增加冷却塔辅助散热的措施来解决；还可以通过水源热泵机组间歇运行来调节；也可以采用热回收机组降低供冷季节的释热量，增大供暖季节的吸热量。

④ 地埋管换热器设计。

地埋管换热器换热效果受岩土体热物性及地下水流动情况等地质条件影响非常大，使得不同地区，甚至同一地区不同区域岩土体的换热特性差别都很大。因此，不应简单地根据经验数据来确定地下换热器的数量。地埋管换热器的设计计算宜根据现场实测岩土体及回填料热物性参数，采用专用软件进行。

对于竖直地埋管的设计，可以采用《地源热泵系统工程技术规范》（GB 50366—2005）推荐的计算方法计算，也可按现场测试获得的单位钻孔深度（管长）的换热量（平均值）估算埋管的总长度。但应注意，在设计时，环路集管不包括在地埋管的总长度内。

地埋管换热器宜以机房为中心或靠近机房设置，其埋管敷设位置应远离水井、水渠及室外排水设置。

当地埋管地源热泵系统的应用建筑面积在 5000 m² 以上或为实施了岩土热响应试验的项目，应利用岩土热响应试验结果进行地埋管换热器的设计，且宜符合下列要求：夏季运行期间，地埋管换热器出口最高温度宜低于 33 ℃；冬季运行期间，不添加防冻剂的地埋管换热器进口最低温度宜高于 4 ℃。

（3）注意事项。

① 地埋管换热器安装位置应远离水井及室外排水设施，并宜靠近机房或以机房为中心设置。

② 地埋管换热系统设计时应考虑地埋管换热器的承压能力，若建筑物内系统压力超过地埋管换热器的承压能力时，应设中间换热器将地埋管换热器与建筑物内系统分开。

③ 地埋管换热系统应设自动充液及泄漏报警系统；需要防冻的地区，应设防冻保护装置；设置反冲洗系统，冲洗流量宜为工作流量的 2 倍。

3）地表水地源热泵系统

（1）系统选择。

地表水换热系统的选择应根据水面用途，地表水深度、面积、水质、水位、水温情况综合确定。

当地表水水质较好或水体深度、温度等不适宜采用闭式地表水换热系统，并经环境影响评估符合要求时，宜采用开式地表水地源热泵系统，直接从地表水体抽水和向地表水体排水。

当地表水体环境保护要求较高或水质复杂，且水体面积较大、水位较深时，宜采用闭式地表水地源热泵系统，通过沉于地表水体的换热器同水体进行热量交换。

当地表水体为海水时，与海水接触的设备及管道，应具有耐海水腐蚀性能，应采取防止海洋生物附着的措施；与海水连通的所有设备、部件及管道应具有过滤清理的功能。中间换热器应具备可拆卸功能。

（2）系统设计。

① 水质要求。

开式地表水换热系统的取水口，应选择水位较深、水质较好的位置，同时应位于回水口的上游且远离回水口，避免取水和回水短路；取水方式可根据水体情况选用直接式、沉井式或船坞式等，但取水口均应设置污物沉淀、过滤和保护装置，取水口流速不宜大于 1 m/s。

开式地表水换热系统应根据水质条件和水质分析结果采取相应的过滤、灭藻、防腐蚀等可靠的水处理措施，同时选用适应水质条件的材质制造的冷剂-水换热器或中间水-

水换热器，并选择合适的换热器污垢系数，经过处理后的排放水不应污染水体。

② 开式系统设计。

地表水换热系统采用开式系统时，从保障水源热泵机组正常运行的角度，地表水尽可能不直接进入水源热泵机组。直接进入水源热泵机组的地表水水质应满足以下要求：含砂量小于 1/200 000，pH 值为 6.5~8.5，CaO 小于 200 mg/L，矿化度小于 3 g/L，Cl⁻小于 100 mg/L，SO_4^{2-} 小于 200 mg/L，Fe^{2+} 小于 1 mg/L，H_2S 小于 0.5 mg/L。水系统采用变流量设计有利于降低输送能耗。

当源水杂质较多或水处理成本过高时，宜在源水与水源热泵机组间增设中间换热器。中间换热器宜采用板式换热器，换热器地表水侧宜设反冲洗装置，设计接近温度（进换热器的地表水温度与出换热器的热泵侧循环水温度之差）不应大于 2 ℃。中间换热器阻力宜为 70~80 kPa，不应大于 100 kPa。

循环水泵的安装高度应满足水泵允许吸水高度的要求，水力计算时应结合水质条件对比摩阻进行修正。

③ 闭式系统设计。

闭式地表水换热系统不宜用于水深小于 3 m 的静置水体。换热器单元间应保持一定的距离，供回水集管间距不宜小于 2 m。换热器底部与水体底部的距离不宜小于 0.2 m，顶部与最低水位的距离不应小于 1.5 m。

闭式地表水换热器内传热介质应保持紊流状态，传热介质应以水为首选，在寒冷地区有冻结可能时，传热介质应添加合适浓度的防冻剂。

闭式地表水换热器选择计算时，应符合以下要求：在制冷工况下，地表水换热器出口最高温度宜低于 31.5 ℃，设计进、出水温差不应小于 5 ℃；在制热工况下，不添加防冻剂的地表水换热器进口最低温度宜高于 4 ℃。

闭式地表水换热器水下管道应采用化学稳定性好、耐腐蚀、比摩阻小、强度高的非金属管材与管件。所选用的管材应符合相关国家标准或行业标准。地表水换热盘管设置处水体的静压应在换热盘管的承压范围内。

（3）注意事项。

① 地表水换热系统设计前，应对地表水地源热泵系统运行对水环境的影响进行评估。

② 地表水系统的取水量不得影响城镇供水及其他主要用途的取水要求。

③ 地表水水处理工艺应根据原水水质、处理水量、水温、热泵机组水质要求，通过技术经济比较后确定。

④ 地表水换热盘管的换热量应满足地源热泵系统最大吸热量或释热量的需要，当不能满足要求时应采用复合式地源热泵系统。

2.7.2 太阳能

1. 技术简介

光伏建筑一体化是指在建筑上安装光伏组件，利用太阳能电池的光伏效应将太阳辐射能直接转换为电能，并通过专门设计，实现光伏系统与建筑的良好结合。

太阳能热水系统（图 2-12）即利用太阳能集热器集取太阳能热能为主热源，配置辅助热源制备并供给生活热水的系统。太阳能热水系统可以分为集中集热集中供热太阳能热水系统、集中集热分散供热太阳能热水系统与分散集热分散供热太阳能热水系统。集中集热集中供热太阳能热水系统是集中集取太阳能的热能，集中配置辅助热源的太阳能热水系统。集中集热分散供热太阳能热水系统是集中集取太阳能的热能，分散配置辅助热源的太阳能热水系统。分散集热分散供热太阳能热水系统是分散集取太阳能的热能，分散配置辅助热源的太阳能热水系统。

图 2-12　太阳能热水系统

太阳能采暖是指将太阳能转换成热能，满足建筑物冬季一定的采暖需求，或供给建筑物冬季采暖和全年其他用热。

2. 适用范围

光伏建筑一体化适用于有较大的屋顶或地面空间且不受遮挡的公共建筑。

太阳能热水系统适用于旅馆、餐饮、医院、洗浴等生活热水耗量较大且稳定的场所以及 12 层以下的居住建筑。

太阳能供热采暖设计应根据气候区特点、太阳能资源条件、建筑物类型、功能以及业主要求、投资规模、安装等条件进行。

3. 设计要点

1）光伏建筑一体化设计要点及注意事项

（1）光伏组件的选择宜符合下列规定：

光伏组件的类型依据太阳辐射量、气候特征、场地面积等因素，经技术经济比较确定。太阳辐射量较高、直射分量较大的地区宜选用晶体硅光伏组件或聚光光伏组件。太阳辐射量较低、散射分量较大、环境温度较高的地区宜选用薄膜光伏组件。

（2）光伏组件的布置宜符合下列规定：

① 当所处环境为平屋面时如图 2-13 所示，安装光伏组件应符合下列规定：

光伏组件安装宜按最佳倾角进行设计；当光伏组件安装倾角小于 10°时，应设置维修、人工清洗的设施与通道；

光伏组件安装支架宜采用自动跟踪型或手动调节型的可调节支架；

在建筑平屋面上安装光伏组件，应选择不影响屋面排水功能的基座形式。

图 2-13　安装在平屋面的光伏组件

② 当所处坏境为坡屋面时如图 2-14 所示，安装光伏组件应符合下列规定：

坡屋面坡度宜按光伏组件全年获得电能最多的倾角设计；

图 2-14　安装在坡面的光伏组件

光伏组件宜采用平行于屋面、顺坡镶嵌或顺坡架空安装方式；

光伏瓦宜与屋顶普通瓦模数相匹配，不应影响屋面正常的排水功能。

③ 当所处环境为阳台或平台上时如图 2-15 所示，安装光伏组件应符合下列规定：

低纬度地区安装在阳台或平台栏板上的晶体硅光伏组件应有适当的倾角；

安装在阳台或平台栏板上的光伏组件支架应与栏板主体结构上的预埋件牢固连接；

构成阳台或平台栏板的光伏构件，应满足刚度、强度、防护功能和电气安全要求。

图 2-15　安装在阳台上的光伏组件

④ 当所处环境为墙面上时如图 2-16 所示，安装光伏组件应符合下列规定：

低纬度地区安装在墙面上的晶体硅光伏组件宜有适当的倾角；

光伏组件镶嵌在墙面上时，宜与墙面装饰材料、色彩、分格等协调处理；

对安装在墙面上提供遮阳功能的光伏构件，应满足室内采光和日照的要求；

当光伏组件安装在窗面上时，应满足窗面采光、通风等使用功能要求。

图 2-16　安装在墙面上的光伏组件

⑤ 当所处环境为建筑幕墙上时如图 2-17 所示，安装光伏组件应符合下列规定：

安装在建筑幕墙上的光伏组件宜采用建材型光伏构件；

光伏组件尺寸应符合幕墙设计模数，光伏组件表面颜色、质感应与幕墙协调统一；

有采光和安全双重性能要求的部位，应使用双玻光伏幕墙，其使用的夹胶层材料应为聚乙烯醇缩丁醛（PVB），并应满足建筑室内对视线和透光性能的要求；

玻璃光伏幕墙的结构性能和防火性能应满足现行行业标准《玻璃幕墙工程技术规范》（JGJ 102）的要求。

图 2-17　安装在建筑幕墙上的光伏组件

（3）光伏电气系统设计宜符合下列规定：

① 并网光伏系统是与公网联结的光伏系统。接入公用电网的光伏发电站应安装经当地质量技术监管机构认可的电能计量装置，并经校验合格后投入使用。

② 独立光伏系统是不与公共电网连接的光伏系统。独立光伏发电系统的安装容量应根据负载所需电能和当地日照条件来确定。

③ 光伏系统设计应根据用电要求按表 2-26 进行选择。

表 2-26　光伏系统设计选用表

系统类型	电流类型	是否逆流	有无储能装置	适用范围
并网光伏系统	交流系统	是	有	发电量大于用电量，且当地电力不可靠
			无	发电量大于用电量，且当地电力比较可靠
		否	有	发电量小于用电量，且当地电力不可靠
			无	发电量小于用电量，且当地电力比较可靠

系统类型	电流类型	是否逆流	有无储能装置	适用范围
独立光伏系统	直流系统	否	有	偏远无电网地区，电力负荷为直流设备，且供电连续性要求比较高
			无	偏远无电网地区，电力负荷为直流设备，且供电无连续性要求
	交流系统		有	偏远无电网地区，电力负荷为交流设备，且供电连续性要求比较高
			无	偏远无电网地区，电力负荷为交流设备，且供电无连续性要求

（4）储能系统的设计宜符合下列规定：

① 建筑光伏系统用储能系统宜采用电化学储能方式，电化学储能系统设计和性能应符合现行国家标准，储能单元应根据电化学储能类型、电站容量、接入电压等级、应用需求、功率变换系统性能、电池的特性和要求及设备短路电流耐受能力进行设计。

② 独立光伏发电站应配置恰当容量的储能装置，装置容量应根据当地日照条件、连续阴雨天数、负载的电能需要和所配储能电池的技术特性来确定，并满足向负载提供持续、稳定电力的要求。并网光伏发电站可根据实际需要配置恰当容量的储能装置。

2）太阳能热水系统设计要点及注意事项

（1）太阳能热水系统的选择遵循的原则。

① 公共建筑宜采用集中集热、集中供热太阳能热水系统。

② 住宅类建筑宜采用集中集热、分散供热太阳能热水系统或分散集热、分散供热太阳能热水系统。

③ 小区设集中集热、集中供热太阳能热水系统或集中集热、分散供热太阳能，且热水供应系统选择宜符合下列规定：

宾馆、公寓、医院、养老院等公共建筑及有使用集中供应热水要求的居住小区，宜采用集中热水供应系统；

小区集中热水供应应根据建筑物的分布情况等采用小区共用系统、多栋建筑共用系统或每幢建筑单设系统，共用系统水加热站室的服务半径不应大于 500 m；

普通住宅、无集中沐浴设施的办公楼及用水点分散、日用水量（按 60 ℃ 计）小于 5 m³ 的建筑宜采用局部热水供应系统；

太阳能热水系统应根据集热器构造、冷水水质硬度及冷热水压力平衡要求等经比较确定采用直接太阳能热水系统或间接太阳能热水系统；

太阳能热水系统应根据集热器类型及其承压能力、集热系统布置方式、运行管理条件等经比较采用闭式太阳能集热系统或开式太阳能集热系统，开式太阳能集热系统宜采用集热、贮热、换热一体间接预热承压冷水供应热水的组合系统；

集中集热、分散供热太阳能热水系统采用由集热水箱或由集热、贮热、换热一体间接预热承压冷水供应热水的组合系统直接向分散带温控的热水器供水，且至最远热水器热水管总长不大于 20 m 时，热水供水系统可不设循环管道。

（2）集热系统的附属设施的计算。

太阳能集热系统集热器总面积的计算应符合下列规定：

① 直接太阳能热水系统的集热器总面积与平均日耗热量、太阳能保证率、集热系统的热损失效率成正比，与集热器面积补偿系数、集热器总面积的平均日太阳辐照量、集热器总面积的年平均集热效率成反比。

② 间接太阳能热水系统的集热器总面积与集热器热损失系数成正比，与水加热器传热系数、水加热器加热面积成反比。

（3）热水供应系统的适用场景。

① 宾馆、公寓、医院、养老院等公共建筑及有使用集中供应热水要求的居住小区，宜采用集中热水供应系统。

② 小区集中热水供应应根据建筑物的分布情况等采用小区共用系统、多栋建筑共用系统或每幢建筑单设系统，共用系统水加热站室的服务半径不应大于 500 m。

③ 普通住宅、无集中沐浴设施的办公楼及用水点分散、日用水量（按 60 ℃ 计）小于 5 m³ 的建筑宜采用局部热水供应系统。

④ 当普通住宅、宿舍、普通旅馆、招待所等组成的小区或单栋建筑设集中热水供应时，宜采用定时集中热水供应系统。

⑤ 全日集中热水供应系统中的较大型公共浴室、洗衣房、厨房等耗热量较大且用水时段固定的用水部位，宜设单独的热水管网定时供应热水或另设局部热水供应系统。

（4）辅助能源的选择宜符合下列规定：

① 辅助热源宜因地制宜选择，分散集热、分散供热太阳能热水系统和集中集热、分散供热太阳能热水系统宜采用燃气、电；集中集热、集中供热太阳能热水系统宜采用城市热力管网、燃气、燃油、热泵等。

② 辅助热源的供热量宜按无太阳能时设计计算。

③ 辅助热源的控制应在保证充分利用太阳能集热量的条件下，根据不同的热水供水方式采用手动控制、全日自动控制或定时自动控制。

④ 辅助热源的水加热设备应根据热源种类及其供水水质、冷热水系统形式采用直接加热或间接加热设备。

3）太阳能采暖系统设计要点及注意事项

（1）太阳能集热器的设计。

① 液体集热器：吸收太阳辐射并将产生的热能传递到液体传热工质的装置，应设置防冻自动控制。

② 空气集热器：吸收太阳辐射并将产生的热能传递到空气传热工质的装置。

③ 季节蓄热系统的蓄热体容积宜通过模拟计算确定。

简化计算时，不同规模季节蓄热系统的单位太阳能集热器采光面积对应蓄热水池或贮热水箱容积范围:中型季节蓄热系统(太阳能集热器面积≤10 000 m²)容积范围为1.5～2.5 m³/m²,大型季节蓄热系统(太阳能集热器面积＞10 000 m²)容积范围为＞3 m³/m²。

当设计季节蓄热水池或贮热水箱容量时,应校核蓄热水池或贮热水箱的最高蓄热温度;最高蓄热温度应比蓄热水池或贮热水箱工作压力对应的工质沸点温度低 5 ℃。季节蓄热水池应采取温度均匀分层的技术措施。

(2)集热系统换热方式。

①短期蓄热直接系统集热器总面积与太阳能集热系统设计负荷、太阳能保证率、管路及贮存装置热损失率成正比,与当地集热器采光面上的12月平均日太阳辐射量、基于总面积的集热器平均集热效率成反比。

②季节蓄热直接系统集热器总面积与当地采暖期天数、太阳能保证率成正比,与当地集热器采光面上的年平均日太阳辐照量、季节蓄热系统效率成反比。

③间接系统集热器总面积与直接系统集热器面积、集热器总热损失系数成正比,与换热器传热系数、间接系统换热器换热面积成反比。

(3)系统蓄热能力。

①短期蓄热太阳能采暖系统的蓄热量应根据当地太阳能资源、气候、工程投资等因素确定,且应能储存1～7 d太阳能集热系统得热量。

②系统的总贮热水箱或水池容积应根据设计蓄热时间周期及蓄热量等参数通过模拟计算确定。短期蓄热液体工质太阳能集热系统对应的太阳能集热器单位采光面积的贮热水箱或水池的容积范围可按40～300 L/m²选取。

③太阳能集热系统、生活热水系统、采暖系统与贮热水箱的连接管位置应布置合理,实现不同温度供热或换热需求。

④贮热水箱进出口处流速宜小于0.04 m/s,宜采用水流分布器。蓄热水池槽体结构、保温结构和防水结构的设计应符合国家现行相关标准的规定。贮热水箱和蓄热水池宜采用外保温,其保温设计应符合现行国家标准《民用建筑供暖通风与空气调节设计规范》(GB 50736)和《设备及管道绝热设计导则》(GB/T 8175)的规定。

⑤石堆蓄热设计应符合以下规定:

空气蓄热系统的卵石堆蓄热器(卵石箱)内的卵石含量宜为每平方米集热器面积250 kg;卵石直径小于10 cm时,卵石堆深度不宜小于2 m;卵石直径大于10 cm时,卵石堆深度不宜小于3 m。卵石堆蓄热器上下风口的面积应大于该蓄热器截面积的8%,空气通过上下风口流经卵石堆的阻力应小于37 Pa。

放入卵石堆蓄热器内的卵石应干净且大小均匀,直径范围宜为5～10 cm;不应使用易破碎或与水和二氧化碳反应的卵石。可水平或垂直铺放在箱内,宜选用垂直卵石堆,地下狭窄、高度受限的地点可选用水平卵石堆。

⑥相变材料蓄热设计应符合:

空气集热器太阳能供热采暖系统可直接换热蓄热;液体工质集热器太阳能供热采暖系统应增设换热器间接换热蓄热。

（4）季节蓄热系统设计。

① 在条件适宜地区，宜集中设置较大规模的季节蓄热太阳能供热采暖热力站。

② 季节蓄热系统的蓄热体容积宜通过模拟计算确定。简化计算时，不同规模季节蓄热系统的单位太阳能集热器采光面积对应蓄热水池或贮热水箱容积为：中型季节蓄热系统（太阳能集热器面积≤10 000 m²）容积范围在 1.5 ~ 2.5 m³/m²，大型季节蓄热系统（太阳能集热器面积＞10 000 m²）容积范围＞3 m³/m²。

③ 当设计季节蓄热水池或贮热水箱容量时，应校核计算蓄热水池或贮热水箱的最高蓄热温度；最高蓄热温度应比蓄热水池或贮热水箱工作压力对应的工作沸点温度低 5 ℃。

④ 季节蓄热水池应采取温度均匀分层的技术措施。

⑤ 地埋管土壤季节蓄热系统设计前应对场区内岩石土体地质条件进行勘察，并应进行岩石土响应试验。

⑥ 土壤埋管季节蓄热的埋管换热系统设计应根据太阳辐照量、建筑负荷、系统太阳能保证率等参数，通过模拟计算，确定埋管数量、尺寸、深度和总蓄热容积。

⑦ 土壤埋管季节蓄热系统换热埋管的顶部应设置保温层，保温层厚度应按系统换热量和保温材料热性能等影响因素通过计算确定。

⑧ 当与地埋管地源热泵系统配合使用时，土壤埋管季节蓄热系统应根据当地气候特点采用相应的地埋管布置方式；有夏季空调需求的地区应根据土壤温度场的平衡计算结果设置地埋管。

（5）采暖设施的设计。

① 与建筑结合的太阳能供热采暖系统类型宜根据建筑气候分区和建筑物类型确定。

② 严寒地区的低层、多层、高层建筑在太阳能集热器选型上可以选择液体集热器或者空气集热器，在集热系统换热方式上都选择间接系统，在系统蓄热能力上可以选择短期蓄热或者季节蓄热，在末端采暖设施上可以选择低温热水辐射或水-空气处理设备或散热器或者热风采暖。

③ 寒冷地区的低层、多层、高层建筑在太阳能集热器选型上可以选择液体集热器或者空气集热器，在集热系统换热方式上都选择间接系统，在系统蓄热能力上可以选择短期蓄热或者季节蓄热，在末端采暖设施上可以选择低温热水辐射或水-空气处理设备或散热器或者热风采暖。

④ 夏热冬冷、温和地区的低层、多层、高层建筑在太阳能集热器选型上可以选择液体集热器或者空气集热器，在集热系统换热方式上都选择直接系统，在系统蓄热能力上都选择短期蓄热。

⑤ 液体工质太阳能供热采暖系统宜采用低温热水辐射、水-空气处理设备和散热器等末端采暖设施。

⑥ 建筑物内需热风采暖的区域宜采用空气太阳能供热采暖系统。

⑦ 末端采暖设备的运行噪声应符合国家现行相关标准的规定。

2.7.3 生物质能

1. 技术简介

生物质是指通过光合作用而形成的各种有机体，包括所有动植物和微生物。生物质能是太阳能以化学能形式储存在生物质中的能量形式，即以生物质为载体的能量，直接或间接地来源于绿色植物的光合作用，可以转化为常规的固态、液态和气态燃料。生物质能技术主要包括生物质的固化、气化、液化等，其产生的能量可用于建筑取暖、照明、炊事。

生物质固化是指在一定温度和压力作用下，利用木质素充当黏合剂将松散的生物质压缩成棒状、块状或颗粒状等成型燃料。常见的原料有麦秆、玉米秸秆、大豆秸秆、棉花秸秆、花生壳、稻壳、稻草、木屑等。

生物质气化包括利用生物质气化炉产生可燃气体和利用沼气池产生沼气两种方式。其中沼气来源于农村各种生物质如秸秆、禽畜粪便以及有机废物，其原理是在厌氧微生物的作用下，将生物质转化成 CH_4 和 CO_2 等气体后加以利用。户用沼气工程主要包括前处理、厌氧处理、后处理、综合利用四个环节，其流程如图 2-18 所示。

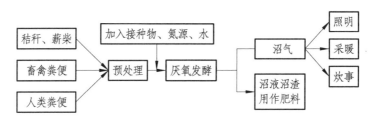

图 2-18 户用沼气工程流程

生物质液化指利用薯类或动植物油脂经加工后获得的、能够直接使用或与汽油或柴油等液体燃料混合后可用于发动机或直接燃烧的液体燃料。

2. 适用范围

生物质能的利用方式需结合各地区的气候条件、生物质资源和经济发展情况确定。

在秸秆、粪便丰富的农村地区，沼气资源充足，可建沼气工程利用沼气进行冬季采暖、照明或炊事。

在秸秆、树枝和木屑等农林生物质丰富的地区，可应用生物质固化技术，其生产的生物质固体成型燃料可用于炊事，在冬季寒冷地区还可用于采暖。

3. 设计要点

1）户用沼气工程设计

（1）设计技术参数。

① 沼气池工作压力：水压式沼气池池内正常工作压力 $p \leqslant 8\ kPa$，池内最大气压限值 $p \leqslant 12\ kPa$；采用浮罩贮气正常工作压力 $p \leqslant 4\ kPa$，贮气压力最大限值 $p \leqslant 6\ kPa$。

② 产气量：当满足发酵工艺要求和正常使用管理的条件时，每立方米池容日产气量

省内大部分地区应不小于 0.2 m³，高海拔严寒地区应不小于 0.15 m³。

③投料量：第一次最小投料量取发酵间总容积的 50%，最大投料量取发酵间总容积的 90%。

④贮气量：正常贮气量为日产气量的 50%。

（2）工艺流程：发酵原料→进料间→厌氧发酵间→水压（出料）间。

（3）形状及平面布局：形状及平面布局按《户用沼气池标准图集》（GB/T 4750—2002）选用。

（4）发酵间宜选用相同体积用材较少，内外受力合理，有利于料液流动，不易产生死角容积，方便加工、运输、施工和使用管理的机构形状，容积小于 50 m³ 时，宜选为 6 ~ 12 m³。

（5）进出料管内径在 200 ~ 300 mm 范围；采用混凝土预制管时，内径不应小于 250 mm，采用 PVC 管时，内径不应小于 200 mm。进、出料流向原则上要求对直流出，特殊地形情况，若发酵间内部无有效导流装置，其进、出料管（口）水平投影夹角不小于 120°。

（6）水压式沼气池的水压间有效容积不小于日产气量的 50%。按平面形状可分为圆形、椭圆形、正方形、长方形，可根据池型、建池地形因地制宜设计。在料液可排泄反向应设有溢流口。

（7）贮气浮罩：分离贮气浮罩沼气池的贮气浮罩有效容积不小于日产气量的 50%。

2）生物质气态燃料应用系统设计

（1）管道。

①室外管道地上敷设用钢管，地下敷设用中高密度聚乙烯管；室内低压管道应采用镀锌钢管且室内管道不允许暗设。

②引入管不得敷设在卧室、浴室、地下室、易燃易爆品的仓库、有腐蚀性介质的房间、烟道和进风道等地方，应设在厨房或走廊等便于检修的非居住房间。

③引入管穿过建筑物基础、墙或管沟时，均应设置在套管中，并应考虑沉降的影响，必要时应采取补偿措施。

④管道水平穿过墙时，套管长度应与墙体齐平；若垂直穿过墙体，套管应长出墙体 50 ~ 100 mm，并应对套管和墙体之间进行水泥灌注固定。

⑤引入管的最小公称直径不应小于 25 mm，阀门宜设置在室内。

⑥室内水平管道的敷设坡度不应小于 0.003。

（2）灶具。

①所选用的灶具应为生物质气体燃料专用灶具。

②灶前设计额定压力 1000 Pa，灶具在 0.75 倍额定压力下应满足正常炊事要求，在 1.5 倍额定压力下不应产生黄焰。

（3）安全。

①居民住宅内厨房应设排气扇。

②居民住宅内厨房应安装一氧化碳检测报警器。

③灶具的安装应符合下列要求：灶具应安装在通风良好的厨房内，房间净高不得低

于 2.2 m；灶具与周边家具的净距不得小于 60 cm，与对面墙之间应有不小于 1 m 的通道。

④ 烟气必须排出室外。直排式灶具的室内容积热负荷指标超过 207 W/m³ 时，必须设置有效的排气装置。烟气排放应符合现行《城镇燃气设计规范》（GB 50028）的要求。

3）生物质燃料供热应用系统设计

（1）系统设计。

① 户用生物燃料供热系统的管道布置通常宜采用上供下回式自然循环系统，系统示意图如图 2-19 所示，炉具中心与散热器中心的高度差不小于 0.5 m。

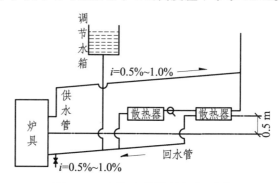

图 2-19　户用生物燃料供热系统

② 户用生物质燃料供热系统中供水总管和回水总管的管径应一致，并与炉具的出水、回水管径相同。

③ 系统主干道最高处应安装排气阀，管道应保持排水通畅并高于调节水箱，系统最低处应安装泄水管。

④ 系统的供水干管和回水干管均应有 0.5% ~ 1% 的坡度。

⑤ 自然循环系统安装时，应缩短管道长度，减少管道弯管数量。

⑥ 户用生物质燃料供热系统在非采暖空间管道应有可靠的保温防冻措施。

⑦ 调节水箱应安装在室内，排气管安装应通往室外。

（2）炉具安装。

① 炉具的基本结构、性能指标、安全使用要求应符合现行《民用水暖煤炉通用技术条件》（GB 16154）的规定。

② 炉具应安装在室内。

③ 炉具安装地点应与休息及活动频繁的区域进行有效隔离。

（3）散热器安装。

① 散热器组对应平直紧密。

② 散热器支架、托架安装，位置应准确，埋设牢固。

③ 散热器的背面与装饰后的墙内表面按照距离，应符合设计或产品说明书要求，若设计未标注，应不小于 30 mm。

④ 连接散热器的支管应根据支管的不同长度具有 1% ~ 2% 的坡度，坡向应有利于排气和泄水。

2.7.4 本节相关标准、规范及图集

《建筑给水排水设计规范》（GB 50015—2019）

《太阳能供热采暖工程技术标准》（GB 50495—2019）

《民用水暖煤炉通用技术条件》（GB 16154—2018）

《公共建筑节能设计标准》（GB 50189—2015）

《供水管井技术规范》（GB 50296—2014）

《民用建筑供暖通风与空气调节设计规范》（GB 50736—2012）

《地源热泵系统工程技术规范》（GB 50366—2005）

《浅层地热能利用通用技术要求》（GB/T 38678—2020）

《绿色建筑评价标准》（GB/T 50378—2019）

《光伏建筑系统应用技术标准》（GB/T 51368—2019）

《户用沼气池设计规范》（GB/T 4750—2016）

《水（地）源热泵机组》（GB/T 19409—2013）

《民用建筑太阳能热水系统应用技术规范》（GB/T 50364—2005）

《户用沼气池标准图集》（GB/T 4750—2002）

《埋地聚乙烯给水管道工程技术规程》（CJJ 101—2016）

《生物质气化集中供气运行与管理规范》（NY/T 2908—2016）

《农村沼气集中供气工程技术规范》（NY/T 2371—2013）

《生物质炊事大灶通用技术条件》（NB/T 34015—2013）

第3章 质量控制

3.1 围护结构质量控制

3.1.1 围护结构保温

（1）建筑施工单位应针对热桥处理、气密性保障等关键环节制订专项施工方案，并进行现场实际操作示范。

（2）建筑围护结构保温工程施工时，应选用配套供应的保温系统材料和专业化施工工艺。对外保温结构体系，其型式检验报告中应包括外保温系统耐候性检验项目。

（3）外墙保温施工应在基层处理、结构预埋件、外门窗安装完成并验收合格后进行。

（4）外墙保温层应粘贴平整且无缝隙。当采用单层保温时，宜将保温板加工成直角阶梯状，防水构造采用压扣方式连接；当采用双层错缝粘贴体系时，内层保温板宜采用点框粘贴，外层保温板采用满粘法；采用岩棉带薄抹灰外保温系统时，岩棉带的宽度不宜小于 200 mm。

（5）保温层固定方式不应产生热桥，应采用断热桥锚栓固定；安装锚固件时，应先向预打孔洞中注入聚氨酯发泡剂，再立即安装锚固件。

（6）防火隔离带与其他保温材料应搭接严密或采用错缝粘贴，避免出现较大缝隙；如缝隙较大，应采用发泡材料严密封堵；岩棉防火隔离带应全部采用满粘法。

（7）装配式夹心保温外墙板的竖缝和横缝均应做热桥处理。

（8）屋面保温施工前，铺设保温层的基层应平整、干燥、干净；穿过屋面结构层的管道、设备基座、预埋件等应已采用热桥控制措施安装完成并通过验收；屋面保温层如为多层铺贴，应注意每层铺贴均应采用黏结材料黏结，防止裂缝。隔汽层施工时，应注意保护，防止隔汽层出现破损，影响对保温层的保护效果；出屋面管道应进行断热桥和防水措施处理，预留洞口应大于管道外径并满足保温厚度要求；伸出屋面外的管道应设置套管进行保护，套管与管道间应设置保温层。

（9）围护结构上的悬挑构件、穿透围护结构的管道等热桥部位应进行阻断热桥处理。

3.1.2　外门窗

（1）外门窗（包括天窗）应整窗进场，安装前结构工程应已验收合格且门窗结构洞口应平整。

（2）外门窗与基层墙体的连接件应进行阻断热桥的处理，应保持保温层的连续性和无热桥处理；连接件与基层墙体间可设置隔热垫片。

（3）外门窗洞口与窗框连接处应进行防水密封处理，室内侧粘贴防水隔汽材料，室外侧粘贴防水透汽材料，施工中应谨防室外侧防水透汽材料被外窗连接件棱角破坏。

（4）窗底应安装窗台板散水，窗台板两端及底部与保温层之间的缝隙应做密封处理；门洞窗洞上方应安装滴水线条。如外窗安装成品导水窗台板，窗台板向外的坡度不宜小于 10%，其外边应伸出外墙保温层面 30 mm 以上，窗台板两端及底部与保温层之间的缝隙应用预压膨胀密封带填塞。

3.1.3　外遮阳

（1）外遮阳的安装，应在外窗安装完成后且外保温尚未施工时确定外遮阳的固定位置，并安装连接件。连接件与基层墙体之间应进行阻断热桥的处理。

（2）空调支架、雨水管支架等外墙金属支架的安装应控制热桥效应，应在基层墙体上预留支架安装位置，然后做外墙保温；金属支架与墙体之间垫 20 mm 硬性隔热材料，并完全包覆在保温层内。

（3）可以使用玻璃内置百叶，配合真空玻璃，达到设计的外窗保温遮阳效果。

3.1.4　气密性

（1）气密性材料的材质应根据粘贴位置基层的材质和是否需要抹灰覆盖气密性材料进行选择。

（2）建筑结构缝隙应进行封堵，围护结构不同材料交界处、穿墙和出屋面管线、套管等空气渗漏部位应进行气密性处理；外门窗与基层结构墙体连接部位均应做气密性处理。

（3）气密性施工应在热桥处理之后进行。

（4）气密性保障应贯穿整个施工过程，在施工工法、施工程序、材料选择等各环节均应考虑，尤其应注意外门窗安装、围护结构洞口部位、外围护填充墙体及室内分户墙体与主体结构连接部位、被动式分区与室内非被动式分区的边界部位及屋面檐角等关键部位的气密性处理。施工完成后，应进行气密性测试，及时发现薄弱环节，改善补救。

（5）外围护结构的施工孔洞及各类贯穿性管线洞口均应做气密性处理。

（6）施工过程中宜对热桥及气密性关键部位进行热工缺陷和气密性检测，查找漏点并应及时修补。

（7）有关气密性措施的质量控制和验收标准应按现行国家标准《近零能耗建筑技术标准》（GB/T 51350）的有关规定执行。

（8）装配式结构气密性处理应符合下列规定：

① 装配式剪力墙结构外墙板内叶板竖缝宜采用现浇混凝土密封方式，横缝应采用高强度灌浆料密封。

② 装配式框架结构外墙板内叶板板竖缝和横缝均宜采用柔性保温材料封堵，并应在室内侧进行气密性处理。

③ 外叶板竖缝和横缝处夹心保温层表面宜先设置防水透汽材料，再从板缝口填充直径略大于缝宽的通长聚乙烯棒。板缝口宜灌注硅酮耐候密封胶进行封堵。

④ 装配式夹心外墙板与结构柱、梁之间的竖缝和横缝应在室内侧设置防水隔汽层，再进行抹灰等处理。

3.2 机电系统质量控制

3.2.1 空调系统

（1）管道穿越墙体和楼板时，应按设计要求设置套管，套管与管道间应采用阻燃材料填塞密实；当穿越防火分区时，应采用不燃材料进行防火封堵。

（2）管道与设备连接前，系统管道水压试验、冲洗（吹洗）试验应合格。

（3）隐蔽工程在隐蔽前，应经施工项目技术（质量）负责人、专业工长及专职质量检查员共同参加质量检查，检查合格后再报监理工程师（建设单位代表）进行检查验收，填写隐蔽工程验收记录，重要部位还应附必要的图像资料。

（4）隐蔽的设备及阀门应设置检修口，并应满足检修和维护需要。

（5）用于检查、试验和调试的器具、仪器及仪表应检定合格，并应在有效期内。

3.2.2 照明系统

（1）施工中的安全技术措施，应符合国家现行有关标准及产品技术文件的规定，对关键工序，尚应事先制定有针对性的安全技术措施。

（2）在砌体和混凝土结构上严禁使用木楔、尼龙塞或塑料塞安装固定电气照明装置。

（3）当在装饰材料墙面上安装照明装置时，接线盒口应与装饰面平齐。导管管径大小应与接线盒孔径相匹配，导管应与接线盒连接紧密。

（4）电气照明装置的接线应牢固、接触良好；需接保护接地线（PE）的灯具、开关、插座等不带电的外露可导电部分，应有明显的接地螺栓。

（5）安装在绝缘台上的电气照明装置，其电线的端头绝缘部分应伸出绝缘台的表面。

（6）灯头绝缘外壳不应有破损或裂纹等缺陷；带开关的灯头，开关手柄不应有裸露的金属部分；连接吊灯灯头的软线应做保护扣，两端芯线应搪锡压线；当采取螺口灯头时，相线应接于灯头中间触点的端子上。

（7）当镇流器、触发器、应急电源等灯具附件与灯具分离安装时，应固定可靠；在顶棚内安装时，不得直接固定在顶棚上；灯具附件与灯具本体之间的连接电线应穿导管保护，电线不得外露。

（8）露天安装的灯具及其附件、紧固件、底座和与其相连的导管、接线盒等应有防腐蚀和防水措施。

（9）灯具表面及其附件等高温部位靠近可燃物时，应采取隔热、散热等防火保护措施。以卤钨灯或额定功率大于等于 100 W 的白炽灯泡为光源时，其吸顶灯、槽灯、嵌入灯应采用瓷质灯头，引入线应采用瓷管、矿棉等不燃材料作隔热保护。

3.2.3　节水系统

（1）节水系统用水器具和设备应满足节水产品的要求。

（2）设备和器具在施工现场运输、保管和施工过程中，应采取防止损坏的措施。

（3）阀门安装前，应检查阀门的每批抽样强度和严密性试验报告。

（4）地下室或地下构筑物外墙有管道穿过时，应采取防水措施。对有严格防水要求的建筑物，应采用柔性防水套管。

（5）给水、排水、中水、雨水回用管道应有不同的标识，并应符合下列规定：给水管道应为蓝色环，热水供水管道应为黄色环，热水回水管道应为棕色环，中水管道、雨水回用管道应为淡绿色环，排水管道应为黄棕色环。

（6）管道安装时管道内外和接口处应清洁无污物，安装过程中应严防施工碎屑落入管中，管道接口不得设置在套管内，施工中断和结束后应对敞口部位采取临时封堵措施。

（7）建筑中水、雨水回用管道严禁与生活饮用水管道系统连接。

（8）给水管道应经水压试验合格后方可投入运行。水压试验应包括水压强度试验和严密性试验。

（9）建筑中水、雨水回用等非传统水源管道验收时，应逐段检查是否与生活饮用水管道混接。

（10）生活给水、热水系统及游泳池循环给水系统的管道和设备在交付使用前必须冲洗和消毒，生活饮用水系统的水质应进行见证取样检验，水质应符合现行国家标准的规定。

3.2.4　可再生能源应用系统

（1）可再生能源工程采用的技术、设备、材料、工艺等，必须符合设计要求以及国家有关标准的规定，严禁使用国家明令禁止使用与淘汰的技术、设备、材料、工艺等。

（2）可再生能源工程应按照经审查合格的设计文件和经建设单位（监理单位）审查批准的施工技术方案施工。

（3）太阳能热水和空调系统的施工应符合设计要求；集热器、阀门、过滤器、温度计及仪表应按设计要求安装齐全，不得随意增减和更换；贮热装置、水泵、换热装置、水力平衡装置安装位置和方向应符合设计要求，并便于观察、操作和调试；超温报警装置必须可靠并应与安全阀联动。

（4）地埋管换热系统工程的施工应符合设计要求；竖直钻孔的位置、间距、深度、数量应符合设计要求；埋管的位置、间距、深度，以及管材的材质、管径、厚度应符合设计要求；回填料及配比应符合设计要求，回填应密实；水压试验应合格；各环路流量应平衡，且应满足设计要求；循环水流量及进出水温差均应符合设计要求。

3.2.5　设备系统联合调试

（1）通风与空调系统试运行及调试应符合下列规定：

① 通风与空调系统安装完毕投入使用前，必须进行系统的试运行与调试，包括设备单机试运转与调试、系统无生产负荷下的联合试运行与调试。

② 通风系统的连续试运行不应少于 2 h，空调系统带冷（热）源的连续试运行不应少于 8 h。联合试运行与调试不在制冷期或采暖期时，仅做不带冷（热）源的试运行与调试，并应在第一个制冷期或采暖期内补做。

（2）照明系统试运行及调试应符合下列规定：

① 照明系统通电试运行时：灯具控制回路与照明配电箱的回路标识应一致；开关与灯具控制顺序相对应；剩余电流动作保护装置应动作准确。

② 公用建筑照明系统通电连续试运行时间应为 24 h，民用住宅照明系统通电连续试运行时间应为 8 h。所有照明灯具均应开启，且每 2 h 记录运行状态 1 次，连续试运行时间内无故障。

③ 有自控要求的照明工程应先进行就地分组控制试验，后进行单位工程自动控制试验，试验结果应符合设计要求。

④ 照明系统通电试运行后，三相照明配电干线的各相负荷宜分配平衡，其最大相负荷不宜超过三相负荷平均值的 115%，最小相负荷不宜小于三相负荷平均值的 85%。

（3）节水系统工程安装完毕后，管道功能性试验应符合下列规定：

① 压力管道应进行压力管道水压试验，试验分为预试验和主试验阶段；试验合格的判定依据分为允许压力降值和允许渗水量值，按设计要求确定：设计无要求时，应根据工程实际情况，选用其中一项值或同时采用两项值作为试验合格的最终判定依据。

② 无压管道应进行管道的严密性试验，严密性试验分为闭水试验和闭气试验，按设计要求确定；设计无要求时，应根据实际情况选择闭水试验或闭气试验进行管道功能性试验。

③ 压力管道水压试验进行实际渗水量测定时，宜采用注水法。

④ 给水管道必须水压试验合格，并网运行前进行冲洗与消毒，经检验水质达到标准后，方可允许并网通水投入运行。

（4）可再生能源系统工程安装完毕后，系统试运行及调试应符合下列规定：

① 系统试运转及调试应包括单机或部件的试运转及调试和系统联动试运转及调试。

② 联动试运转及调试结果应符合设计要求和相关标准要求。

③ 系统联动调试完成后，系统应连续运行 72 h，设备及主要部件的联动必须协调，动作准确，无异常现象。

3.3 施工检测验收

3.3.1 材料设备质量管理

（1）超低能耗建筑施工工艺复杂，对施工程序和质量的要求严格，施工前应对现场工程师、施工人员、监理人员进行专项培训。

（2）围护结构施工质量控制除应满足现行国家标准《建筑节能工程施工质量验收规范》（GB 50411）及其他相关标准要求外，应针对热桥控制、气密性保障等关键环节，制订专项施工方案，通过细化施工工艺，严格过程控制，保障施工质量。

（3）机电系统施工应根据施工图及相关产品技术文件的要求进行，使用的材料与设备应符合设计要求及国家现行有关标准的规定。严禁使用国家明令禁止使用或淘汰的材料与设备。

（4）机电系统使用的绝热材料进场时，应按现行国家标准《建筑节能工程施工质量验收规范》（GB 50411）的有关要求进行见证取样检验。

（5）机电系统施工过程中，应具有完整的技术资料和文件，包含竣工图，设计变更、洽商记录文件及图纸会审记录，设备质量合格证明文件、检测报告等技术文件，以及检测记录、试运行记录等。

3.3.2 工序交接质量管理

（1）围护结构各道工序之间应进行交接检验，上道工序合格后方可进行下道工序施工，并做好隐蔽工程记录和必要的影像资料。围护结构隐蔽工程检查应包括以下内容：

①外墙基层及表面处理、保温层的敷设方式、厚度和板材缝隙填充情况，锚固件安装与热桥处理，网格布铺设情况，穿墙管线保温密封处理等。

②屋面、地面、楼面的基层及表面处理、保温层的敷设方式、厚度和板材缝隙填充质量，防水层（隔汽、透汽）设置，雨水口部位、出屋面管道、穿楼地面管道的处理等。

③门窗、遮阳系统安装方式，门窗框与墙体结构缝的保温处理、框体周边防水和气密性处理，连接件与基层墙体断热桥措施等。

④女儿墙、窗框周边封闭阳台、出挑构件、预埋支架等重点部位的施工做法。

（2）在超低能耗建筑太阳能光伏系统工程中，对以下影响工程安全和系统性能的工序，必须在本工序验收合格后才能进入下一道工序的施工：

①在屋面太阳能光伏系统施工前，应进行屋面防水工程的验收；在光伏组件或方阵支架就位前，应进行基座、支架和框架的验收。

②在建筑管道井封口前，应进行预留管路的验收。

③在太阳能光伏系统调试前，应进行电气预留管线的验收。

④在既有建筑增设或改造的光伏系统工程施工前，进行建筑结构和建筑电气安全检查。

（3）在超低能耗建筑太阳能热水系统工程中，对以下影响工程安全和系统性能的工序，必须在本工序验收合格后才能进入下一道工序的施工：

①在屋面太阳能热水系统施工前，应进行屋面防水工程的验收。

② 在贮水箱就位前，应进行贮水箱承重和固定基座的验收。

③ 在太阳能集热器支架就位前，应进行支架承重和固定基座的验收；在建筑管道井封口前，应进行预留管路的验收。

④ 在太阳能热水系统调试前，应进行电气预留管线的验收；在贮水箱进行保温前，应进行贮水箱检漏的验收。

⑤ 在系统管路保温前，应进行管路水压试验。

3.3.3 检测验收

（1）墙体节能工程的施工，应符合下列规定：

① 匀质保温隔热材料的厚度、非匀质保温隔热砌块或构件的尺寸必须符合设计要求。

② 保温板材与基层及各构造层之间的黏结或连接必须牢固。黏结强度和连接方式应符合设计要求。保温板材与基层的黏结强度应做现场拉拔试验。

③ 保温浆料应分层施工。当采用保温浆料做外保温时，保温层与基层之间及各层之间的黏结必须牢固，不应脱层、空鼓和开裂。

④ 当墙体节能工程的保温层采用预埋或后置锚固件时，锚固件数量、位置、锚固深度和拉拔力应符合设计要求。后置锚固件应进行锚固力现场拉拔试验。穿越保温层的预埋或后置锚固件的防水处理应符合设计要求。

（2）建筑外窗的气密性能、传热系数、玻璃遮阳系数和可见光透射比、中空玻璃露点、遮阳材料的光学性能及遮阳装置的抗风性能应符合设计要求和相关标准的规定。

（3）用于屋面节能工程的保温隔热材料，其导热系数、密度、抗压强度或压缩强度、燃烧性能应符合设计要求和相关标准的规定。屋面浅色饰面材料的太阳辐射吸收系数、耐污性能应符合设计要求和相关标准的规定。采光屋面的气密性、玻璃的传热系数、遮阳系数、可见光透射比、中空玻璃露点应符合设计要求和相关标准的规定。

（4）供暖与空调系统设备及施工所用材料进场时，应进行质量检查和验收，其类型、材质、性能、规格及外观应符合设计要求；对各系统工程施工所用的保温绝热材料应进行施工现场取样复验，复验结果应符合设计要求。

（5）照明设备进场时，应进行施工现场见证取样复验，复验结果应符合设计要求。

（6）太阳能热利用或太阳能光伏发电系统设备进场时，应进行施工现场见证取样复验，复验结果应符合设计要求。

（7）建筑主体施工结束，门窗安装完毕，内外抹灰完成后，精装修施工开始前，应按现行国家标准《近零能耗建筑技术标准》（GB/T 51350）的有关规定进行建筑气密性检测，检测结果应满足设计气密性指标要求。

（8）暖通空调系统施工完成后，须进行联合试运转和调试，且节能性能检测应达到设计要求，建筑竣工验收备案前应进行建筑能效测评。

（9）太阳能热利用、太阳能光伏发电系统、空气源热泵系统和地源热泵系统施工完毕后，应按照《建筑节能与可再生能源利用通用规范》（GB 55015—2021）分别对集热效率和热泵机组能效进行检测，检测结果应满足设计要求和相关标准规定。

第4章　运行管理

　　中国的建筑节能工作已经开展了 30 多年，其中超低能耗建筑经历"十二五"时期的技术摸索、"十三五"时期的试点示范。2020 年以来，按照党中央、国务院对碳达峰碳中和工作的系统谋划和总体部署，超低能耗建筑得到更多方面的重视。超低能耗建筑是一个涉及多专业、多环节的工作。从建筑诞生之时，到设计、施工与验收，再到调试运行和投入正常使用阶段，都对建筑是否能够实现超低能耗，实现多少而产生影响。2010 年，美国劳伦斯·伯克利实验室关于我国北京地区建筑全寿命周期能耗及排放的分析显示，建筑运行阶段消耗了 80% 的能源。因此，运行管理的实施可以说在整个超低能耗项目的成败上起了决定性的作用，是实现超低能耗建筑目标和价值的关键所在。

　　尽管我国已经建成了很多超低能耗建筑，但是许多建筑重建设，轻管理，重围护结构，轻系统运行，重设计，轻调试，忽视了运行环节的节能管理，使建筑节能效果大打折扣，造成建筑能耗水平高于设计预期，无法实现真正意义上的超低能耗建筑目标。北京、上海、青岛等地已经建成了一批超低能耗建筑，但也只是在建成投入使用阶段，对超低能耗建筑后期运行问题的研究尚不完善。从竣工完成或投入运营试验的具有代表性的超低能耗建筑的调研分析结果中表明，目前超低能耗建筑的运营阶段存在的问题较多。例如：在运维过程中，由于物业人员未定期对空气源热泵等空调主机进行清洗，空气源热泵机组散热翅片积灰严重，造成换热效果降低，降低了机组能效；空调机组不运行的制冷机组的水阀未关闭，回水流过其他机组造成旁通，导致系统错误判断机组运行状态，增加运行功率，降低机组能效；运维中门窗的密封胶条失效，导致屋内漏风等现象出现。目前，超低能耗建筑运营阶段问题层出不穷，实际运行能耗远超期望值。

　　因此，对于超低能耗建筑的运营管理措施，需要进行专项计划、组织、实施和控制，需要根据建筑的各类系统组建相应的物业管理团队和对建筑的使用者进行宣传教育。物业需要担负起超低能耗建筑运行管理的责任，同时与业主一起实现建筑节能的目标。超低能耗并非口号，要真正实现建筑节能需要从建筑特点出发，建立科学的数据收集和分析机制，运行智能化管理手段，依靠建筑实际运行数据，分析系统运行特点，制定切实有效的运行策略，对于系统中存在的问题，及时调整，及时优化。

本章介绍超低能耗建筑运营管理的相关技术指南，主要从建筑构件系统、暖通系统、电气系统、给排水系统几个方面展开。

4.1 管理制度

1. 技术简介

专业的运行管理团队、科学合理的运维制度是超低能耗建筑稳定运行的前提。物业管理部门对验收后的楼宇设备系统进行日常运行管理，管理人员的操作使用水平、维护意识都是超低能耗建筑运行的保障。只有建立科学合理、明确可行的管理制度，充分体现物业管理对超低能耗运营的管理效果，充分体现制度的约束性、引导性作用，才能真正提升物业服务的水平和质量。

2. 适用范围

管理制度的制定、超低能耗建筑的宣传与教育、物业管理部门能力和资质的提升在住宅建筑、公共建筑中皆适用。物业管理部门的专业化、系统化，是现代物业管理发展的必然趋势。

3. 技术要点

1）成立超低能耗建筑物业运营管理工作组

为保障超低能耗建筑的运营效果，应在物业管理部门成立"超低能耗建筑运行管理工作组"，并保证有一套完整规范的服务体系。应根据建筑不同的系统类型、不同的专业和内容分成小组，每个小组相应地配备具有专业能力的管理人员和所辖范围内的物业人员。管理人员和操作人员应经过操作培训和超低能耗建筑的学习与教育，经考核合格以后才能上岗。只有通过专业化和系统化的分工，才能提高超低能耗建筑运营管理的效率和水平。

2）制定科学可行的操作管理制度

需要制定以建筑系统、空调系统、电力系统、给排水系统及其他系统为主要类别的可操作管理制度，这些可操作的管理制度需要切实成为物业管理人员的工作指南，而不是挂在墙上的摆件和应付检查的工具，必须要内化到相应人员的思维和行为当中。运行管理人员需要对相关系统操作人员的执行情况、系统状态进行定时和不定时的抽查，并进行数据统计和分析展示。

3）超低能耗建筑的教育与宣传

在建筑的长期运行当中，使用者以及物业管理人员的思想和行为会直接影响建筑节能目标的实现。超低能耗建筑的教育与学习需要从建筑特点出发，针对建筑各个设备系统的操作管理人员，进行超低能耗建筑运营管理意识和技能的教育，同时，也需要对建筑的使用者，如办公人员、学校学生、商场人员进行建筑节能的宣传。

4）资源管理激励机制

资源管理激励机制是指物业管理机构在管理业绩上与建筑节能情况相挂钩，还可以通过合理的管理制度激励业主参与到资源节约中来。

（1）物业管理机构的工作考核体系应该包含资源管理激励机制方面的内容。物业部门应在保证建筑使用性能需求、投诉率低于规定值的前提下，实现其经济效益与建筑能耗情况相关联。

（2）与租用者的合同中应当包含节能条款。通过激励机制，做到多用资源多收费、少用资源少付费、少用资源有奖励，从而实现超低能耗建筑节能运营的目标。

（3）采用能源合同管理模式更是节能的有效方式。例如可以在合同中承诺物业管理公司可从省下的能源开支中抽取一定比例的金额。

5）提升物业管理部门的资质与能力

物业管理部门需要不断提升企业资质与能力来保证超低能耗项目能正常高效运营。物业通过并获得 ISO 50001 能源管理体系认证以及 ISO 14001 环境管理体系认证，是保证超低能耗建筑中能耗与环境管理水平的基本需要。

ISO 14001 是环境管理标准，它包括了环境管理体系、环境审核、环境标识、全寿命周期分析内容通过有计划的协调管理活动、规范的动作程序、文件化的控制机制明确落实职责、义务，旨在防止对环境的不利影响因素，指导组织取得表现正确的环境行为。ISO 50001 是能源管理标准，它是从全过程出发，遵循系统管理原理，通过实施一套完整的标准、规范，在组织内建立起一个完整有效的、形成文件的能源管理体系，通过例行节能监测、能源审计、能效对标、内部审核、组织能耗计量与测试、组织能量平衡统计、管理评审、自我评价、节能技术、节能考核等措施，不断提高能源管理体系持续改进的有效性，实现能源管理方针和承诺并达到预期的能源消耗或使用目标。

6）物业跟踪监视能耗评估制度

物业通过编制运营阶段评估表来指导绿色建筑投入使用后的实施效果评价，包括建筑运行中的能源资源消耗水平、室内外环境品质和功能以及建筑使用者行为影响与反馈的评价，进一步明确体现超低能耗建筑对节能减排和改善室内环境的效果，一方面有利于使用人员对超低能耗建筑的准确认识，另一方面能够建立良性反馈机制，为建设方、设计方、施工方、物业方、使用者之间的反馈互通提供渠道，促进超低能耗建筑的设计实施水平不断改进和优化，提升使用者和社会公众参与绿色实践的积极性，引导超低能耗建筑持续完善。

4. 应用案例

成都某办公建筑，曾先后获得超低能耗建筑标识、绿色建筑运行标识，该建筑的物业管理公司制定和实施了以下节约资源（节能、节水、节材）和保证环境舒适的管理制度：

1）节电管理制度

（1）节约照明用电：办公楼内外使用节能灯，自然采光条件较好的办公区域，白天充分利用自然光，夜间楼内公共区域（含卫生间）尽量减少照明灯数量。办公区道路用灯每晚定时开关，人走灯灭，杜绝白昼灯、长明灯。

（2）节约办公设备用电：办公设备不使用时要设置好节电模式，长时间不使用的要及时关闭，减少待机能耗。加快淘汰高能耗办公设备，新购买的用电办公设备必须达到规定的能效标识。节假日和非工作时间，要及时关闭电热水器等用电设备。

（3）加快用电设备改造：大力推进办公区用电设备的节电改造。在照明节能上积极应用太阳能灯、无极灯等先进照明技术，因地制宜进行节电改造，确保办公区的非节能灯和其他高能耗设备逐步改造或更新。

（4）严禁私自接线装灯、安插座，严禁使用电炉、热得快、电热杯、电热器等大功率电器，如需使用，应报办公室批准。

（5）建立大楼能耗分析制度，对高用能楼层、设备进行定期巡查，确保设备均在高效区间运行。

2）节水管理制度

（1）注重洗手间用水节约：加强用水设备的日常维护管理，避免出现"长流水"现象；在显著位置设置节水提示标志，公布维修电话，大力推广感应式节水水龙头。

（2）注重绿化节约用水：提倡循环用水，绿地用水尽量使用雨水或再生水，优先采用喷灌、微灌、滴灌等节水灌溉方式，禁止用自来水涌灌。

（3）加强设施维修改造：经常对供水设施进行检修，认真进行管网检查，尤其要关注预埋管道的使用情况，发现问题及时检修，杜绝跑、滴、漏现象。

（4）定期观测定量分析：安排专人定时定期抄录水表，比较分析用量，当发现情况异常时，应立即进行管网检查，采取有效措施。

3）节材管理制度

（1）节约办公用品，逐步推行网络无纸化办公。节约纸张，控制打印、复印数量以及书面材料的发放范围。

（2）规范办公用品采购程序，严格审批和控制办公用品发放数量，鼓励重复利用，做好办公废纸的回收，设立定期回收制度。

（3）节约通信费用，尽量以网络通信方式沟通。

（4）合理安排工作，尽量减少使用机动车，以节约油费、过路费等。

4）检查制度

（1）开展节水、节电、节能检查。物业管理中心要派专人对所辖范围所有用电、用水的设备、设施进行定期检查，严防滴、漏、跑、冒、耗现象发生，堵塞水电浪费的漏洞。

（2）加强科学管理。物业管理中心应发挥职能作用，加强监督与检查，实行定期检查制和不定期抽查制，发现对开长流水、自流水、长明灯、光线充足情况下开灯及无人情况下开灯、开饮水机、电脑等浪费现象严重的单位和个人予以批评以至必要的处罚。

5）物业奖励惩罚制度

（1）对物业管理机构奖励制度。

物业管理部门在监管中发现浪费电资源和水资源情况，告知并上报记录；在监管中通过楼宇自控系统（BA系统）控制用电用水情况，有效节约资源并有记录；物业管理部门员工在节约资源方面提出可行有效的节能措施建议并采纳实施。

奖励：对以上人员进行 100 元奖励或当月可以调休一次。

（2）对业主及使用者奖励制度。

各部门或者班组每月耗电及耗水量前两名部门、个人每提出一个可行的、有效的节能措施并采纳实施；对发现不节能情况及时上报物管部；对工艺进行技术改造、创新，取得很好的节能效果。

奖励：对以上人员进行最高 2000 元奖励或礼品发放。

（3）关于能源浪费处罚的规定。

办公室、会议室、宿舍应保证人走灯灭、人走机关，一经发现，每次扣罚相关人员 50 元；洗完手后应随手关上水龙头，一经发现，每次扣罚相关人员 50 元；生产部门人员下班后应确保不必用的生产设备、照明灯、电机等关闭，经发现，每次扣罚相关人员 50 元；严禁宿舍私接电炉和其他电器，一经发现，每次扣罚相关人员 50 元；非冬夏季节开空调者或者开空调时未关闭门窗，一经发现，每次扣罚相关人员 50 元。

6）物业跟踪监视能耗评估制度

物业制定绿色建筑能耗跟踪评估机制，跟踪评估机制主要是对污染物控制、碳排放、用能、用水、室内空气质量、室内物理性能、用水质量、用户感受等方面进行评估。根据《绿色建筑运营后评估标准》（T/CECS 608—2019）对以上评估对象进行打分。评分依据为一年一次的用户调研问卷和建筑能耗监测系统中各项能耗数据，得分由高到低分别对应卓越、优秀、良好、合格 4 个等级。其评分表见表 4-1。

表 4-1　物业跟踪监视能耗评估表

指标	子项	条款	条文内容	得分	自评
			建筑消耗		
负荷	建筑碳排放量	1.1	建筑寿命期内考虑各类系统及能源年消耗总量的单位建筑面积碳排放量	4	4
		1.2	不低于建筑总体结构材料和围护结构材料总质量的 95%的主要建筑材料单位建筑面积碳排放量	1	0
		1.3	各类建材从生产场地运输到施工现场所产生的单位建筑面积碳排放量	1	0
		1.4	施工设备机具使用过程中消耗各类燃料动力产生的单位建筑面积碳排放量	1	0
		1.5	将年碳排放量数据进行展示，并分析逐年碳排放量化情况，找出数据变化原因，据此提出并实施改进优化措施	2	2
	建筑能耗强度	2.1	达到现行国家标准《民用建筑能耗标准》（GB/T 51161）的约束值 E_1	1	0
		2.2	介于现行国家标准《民用建筑能耗标准》（GB/T 51161）的约束值 E_1 和引导值 E_2 之间	2～9	8

四川省超低能耗建筑应用技术指南

指标	子项	条款	条文内容	得分	自评
			建筑消耗		
负荷	建筑能耗强度	2.3	达到现行国家标准《民用建筑能耗标准》（GB/T 51161）的约束值 E_2	10	0
	建筑平均日用水量	3.1	达到节水定额上限值 W_1	1	0
		3.2	介于节水定额上限值 W_1 与下限值 W_2 之间	2~9	0
		3.2	达到节水定额下限值 W_2	10	10
	建筑建造运营成本	4.1	统计估算建筑建造及 50 年运营累计成本	6	0
		4.2	建筑建造运营成本经济合理成本不高于国内同类建筑成本的平均水平	4	0
			室内环境		
质量	各类污染物控制达标	5.1	废弃污水噪声排放	5	5
		5.2	垃圾收集站（点）及垃圾间定期冲洗，垃圾及时清运处置，不散发臭味	3	3
		5.3	垃圾分类收集率达到 90%	1	1
		5.4	对有害垃圾进行单独收集和合理处置	1	1
	室内空气质量	6.1	室内二氧化碳浓度	2	2
		6.2	室内可吸入颗粒物（PM2.5）浓度	2	2
		6.3	室内 TVOC	2	2
		6.4	室内甲醛浓度	2	2
		6.5	室内氨浓度		
		6.6	室内苯浓度	2	2
		6.4	室内氡浓度		
	用水质量	7.1	生活饮用水总硬度（以 $CaCO_3$ 计，mg/L）TH	3	3
		7.2	生活饮用水浑浊度 TD/（NTU，散射浊度单位）	2	2
		7.3	生活饮用水菌落数 TBC/（CFU/mL）	2	2
		7.4	直饮水水质应符合现行行业标准《饮用水水质标准》（CJ 94）的规定	1	1
		7.5	集中生活热水系统采取控制运行水温、设置消毒装置等措施避免嗜肺军团菌滋生，保证热水水质符合标准要求	1	不参评
		7.6	非传统水源、游泳池、采暖空调系统等的水质应符合国家现行相关标准的规定	1	1

续表

指标	子项	条款	条文内容	得分	自评
			建筑消耗		
质量	建筑室内物理性能	8.1	室内背景噪声应满现行国家标准《民用建筑隔声设计规范》（GB 50118）	2.4	2.4
		8.2	有声学要求的特殊用途房间，检查混响时间是否满足相应功能要求	1.2	0
		8.3	天然采光质量（采光系数）满足现行国家标准《建筑采光设计标准》（GB 50033）	2.4	2.4
		8.4	人工照明质量（照度、显色指数及眩光值）满足现行国家标准《建筑照明设计标准》（GB 50034）的规定	2	2
		8.5	热舒适质量（温度、湿度）满足现行国家标准《民用建筑供暖通风与空气调节设计规范》（GB 50736）的规定	2	2
	用户使用感受	9.1	室外公共空间满意度	1	1
		9.2	场地交通便捷满意度	1	1
		9.3	建筑室内空间满意度	1	1
		9.4	建筑人文关怀和心理健康考虑方面满意度	1	1
		9.5	建筑总体综合满意度	6	6
			评价等级：A级卓越		

4.2 技术管理

4.2.1 暖通系统运行管理

1. 技术简介

保持建筑物的暖通空调设施设备系统高效运行，是保证超低能耗建筑节能目标的基础之一。应通过暖通空调系统中冷热源、冷却系统、输配系统、末端系统等进行优化运行，在不影响使用者的情况下，定期对空调系统设备进行监测以及对设备系统进行调适、维护，不断提升空调设备系统的性能，提高建筑物的能效管理水平。

2. 适用范围

适用于设有集中空调系统的建筑。

3. 技术要点

1）室内环境空调节能运行管理

（1）巡视要求：每日巡查空调房间温度设定值，应满足表4-2的要求。对于作息时间固定的公共建筑，在非上班时间内不得开空调；若必须开启，则夏季室内温度设定值不小于 30 ℃，冬季温度设定值不大于 10 ℃。人员短期逗留的空调区域，夏季室内温度设定值宜提高 1 ~ 2 ℃，冬季室内温度设定值宜降低 1 ~ 2 ℃。

表 4-2　空调房间参数设定值

房间类型	冬季/℃	夏季/℃
特定房间	≤21	≥24
一般房间	≤20	≥26
大堂、过厅	≤18	≥26+ΔT

注：① 特定房间通常为对外经营且标准要求较高的个别房间，以及其他有特殊需求的房间。对于冬季室内有大量热源的房间，室内温度可高于以上给定值。
　　② 表中的新风量指夏季室外温度或湿度高于室温或冬季室外温度低于室温时的新风量，当利用新风对室内进行降温或排湿时，不受此表参数限制。
　　③ 当室内外温差大于 10℃ 时，ΔT=室内外温差减 10 ℃；当室内外温差不大于 10 ℃ 时，ΔT=0。

（2）管理制度：每日巡查空调末端系统运行时，应关闭外窗，减少无组织新风，对设置有遮阳等建筑隔热节能措施的建筑，夏季应充分使用。对通风空调风系统卫生状况进行定期检查，当房间空气质量明显下降、因风系统阻力增加导致空调系统制冷制热能力下降时，应该对空调通风系统实施清洗。

定期检查室内空气质量，保证室内人员的健康与舒适性。检查使用人员离开空调房间时，是否关闭房间空调末端系统的电源。定期检查建筑外门、外窗的气密性，及时整改气密性不满足要求的门窗。定期检查建筑保温情况，对保温材料脱落、冷热桥严重的地方及时维修。使用人员离开空调房间时，应关闭房间空调末端系统的电源。

2）空调冷热源节能运行管理

（1）巡视要求：定期检查风冷热泵、多联式空调（热泵）机组及分体空调等设备的室外机周围是否保持空气流通顺畅。对于采用乙二醇的冰蓄冷系统，定期检测乙二醇浓度，浓度不满足设计要求时应及时补液。

记录冷水机组、热泵机组的以下运行参数：

① 室外环境温、湿度及典型室内环境温、湿度。
② 蒸发器及冷凝器的进、出口水温及水压力。
③ 机组的蒸发压力、冷凝压力、蒸发温度及冷凝温度。
④ 单台机组制冷（热）量及多台机组运行时的总制冷（热）量。
⑤ 机组的运行电流、启/停时间。
⑥ 计量机组的电量等耗能量。

采用吸收式溴化锂机组时，应记录燃气（油）、蒸气（热水）供应量。运行过程中应每日根据机组的冷凝温度与冷却水出水温度计算冷凝趋近温度。当趋近温度值偏高时，应分析原因并采取措施排除故障。运行过程中应每日根据其蒸发温度与机组冷冻水出水温度计算蒸发趋近温度。当趋近温度值偏高时，应分析原因并采取措施整改。应根据记录的冷水机组（热泵）流量、供回水温度及主机电功率，分析主机的实时能效值，发现能效降低时，应及时查找原因并采取措施提高其能效。定期清洗空气源热泵机组的散热翅片，提高换热效果。

（2）管理制度：

冷水机组运行应满足下列要求：

① 冷水机组的运行参数应接近或达到设计和设备说明书上的要求。

② 在非高温高湿的室外工况下，冷水机组冷冻水的出水温度应适当提高。

③ 对多台冷水机组构成的集中冷源设备系统，应根据室外温度变化、负荷变化等因素及时调配冷水机组的运行台数，使运行的台数为最少。

④ 多台冷水机组并联运行的系统，实际运行中应符合下列规定：

应根据实际运行工况下的机组能效合理选择投入运行设备，保证冷水机组在高效区间内运行。当机组和水泵采用共母管方式连接时，应关断不运行机组支路的阀门。多台冷水机组同时运行时，应监测各冷水主机的冷冻和冷却水流量，保证流量分配满足设计要求。应优先启动相同型号的冷水机组中总运行时间较少的主机，根据使用区域特点，在满足区域使用要求的前提下，合理设定冷水机组冷冻水的出水温度。控制冷冻水的供回水温差在 5 ℃ 以上，提高制冷效率；应合理设定空调系统的冷水机组启动和停止的时间。

锅炉运行应满足下列要求：

① 锅炉的运行参数应接近或达到设计和设备说明书上的要求。

② 对多台锅炉构成的集中热源设备系统，应根据室外温度和负荷变化等因素及时调配锅炉的运行台数，通过合理的机房群控，保证锅炉效率最高，使得燃气锅炉在 80%～100% 的负荷下运行，且供暖期内燃气锅炉的启、停次数和待机时间应尽量减少。

③ 锅炉房有多台锅炉时，在满足空间负荷需求的情况下，应优先选择运行效率高、经济性好的锅炉。

④ 定期检查测试锅炉炉体内换热装置，定期排污。

⑤ 在保证末端需求和系统允许的情况下，适当降低锅炉（热水机组）的出水温度，可以达到节能目的。

⑥ 对停止运行的锅炉，燃料停止供给后，应关闭锅炉供回水管上的阀门，停运锅炉不应参与供暖系统的水循环，以减少停运锅炉的散热损失。

风冷热泵机组运行应满足下列要求：

① 风冷热泵机组的运行参数应接近或达到设计和设备说明书上的要求。

② 对多台风冷热泵机组构成的集中冷热源设备系统，应根据季节、使用时段和负荷变化等因素及时调配风冷热泵机组的运行台数，使运行的台数为最少。

③ 有多台风冷热泵机组时，在满足空间负荷需求的情况下，应优先选择运行效率高、经济性好的风冷热泵机组。

④ 风冷热泵机组的室外机应保持周围通风良好，并防止被阳光直射。

⑤ 机组在夏季高温天气供冷经常出现压缩机过载保护或控制线路跳闸现象时，除需定期清洗机组散热翅片，还可采用错峰开机或对风冷翅片增加辅助散热设施的办法避免机组过载。

⑥ 在保证末端负荷需求和机组调节能力允许的情况下，适当提高冷水机组的出水温度及降低热泵机组冬季空调供暖出水温度，以便达到节能的目的。

水源热泵机组运行应满足下列要求：

① 水源热泵机组的运行参数应接近或达到设计和设备说明书上的要求。

② 对多台水源热泵机组构成的集中冷热源设备系统，应根据季节和负荷变化等因素及时调配水源热泵机组的运行台数，使运行的台数为最少。

③ 有多台水源热泵机组时，在满足空间负荷需求的情况下，应优先选择运行效率高、经济性好的水源热泵机组。

3）空调输配系统节能运行管理

（1）巡视要求：

定期检查冷冻水、冷却水、热水等管道，发现管道有跑、冒、漏、滴现象应及时整改。定期检查管道阀门、补偿器、支吊架等配件，发现异常应维修整改。定期对空调系统软化水、除氧装置等水处理设备进行检查和维护，监测冷冻水水质。

定期检查管道保温情况，确保保温绝热层连续不间断、无脱落和破损。检查供热空调管道表面温度，若温度不满足《设备及管道绝热技术通则》（GB/T 4272）的要求造成冷热量浪费时，应对保温材料进行整改。供冷设备、管道及附件的绝热外表面不应有结露现象。定期检查空调水系统供回水管路起点到终点的温差，并根据其一致性判断系统保温效果或运行故障。对于间歇运行系统，可通过停止运行与再次启动时系统内水温差值判断保温效果好坏。对于保温效果欠佳的空调水系统，应采取必要的措施进行整改。

定期检查供暖空调水系统排气装置，保证系统排气通畅。定期检查水泵运行情况，并检测水泵运行效率，对水泵效率进行监测管理。对于采用变频水泵的变流量水系统，应定期检查末端调节阀的有效性，确保水系统具备变流量运行的基本条件（变频设备的频率不宜低于 30 Hz）。

定期检查过滤器、除污装置两端压力，当阻力超过使用要求时，应及时进行清洗或更换。定期检查供冷设备、管道及附件的绝热外表面是否有结露现象。应定期检查通风、空调系统风管及设备内的过滤装置，发现脏堵应及时清洗或更换。

应记录供暖及空调冷、热水系统以下内容：

① 分集水器的供回水温度、压力，供回水干管上的压差值。

② 各末端支路的供回水温度、压力及流量。

③ 换热器、过滤器及空调末端设备的阻力。

④ 水泵的电功率、流量及扬程。

⑤ 冷、热水循环泵的效率状态。

根据记录水泵进出口压力、流量、电功率及水系统输冷（热）量，计算水泵效率和实际耗电输冷（热）比。当水泵长期处于低效率工况运行或水泵实际耗电输冷（热）比不满足规范要求时，宜采用措施提高水泵效率及其实际耗电输冷（热）比。

定期检查供热及空调冷、热水系统供回水温差是否尽量保持与设计温差一致，各支路回水温度间的偏差不宜大于 1 ℃；热水系统各支管路回水温度间的偏差不宜大于 2 ℃。

定期检查水系统中换热器、过滤器及空调末端设备等阻力元件的工作状态，当阻力增大时应找其原因并排除故障。定期查看通风及空调风系统中表冷器、过滤装置等阻力元件的工作状态，当阻力异常时应找其原因并排除故障。

（2）管理制度：空调系统投入运行前，应对管道进行清洗。化学清洗后应及时进行钝化预膜处理，达到要求后方可投入运行。

空调水系统运行应满足下列要求：

① 冷热源设备正常运行时，夏季蒸发器进出口水温度之差、冬季冷凝器进出口水温度之差不宜低于冷热源设备技术设计参数的 80%。

② 空调系统正常运行时，空调冷冻水系统的供回水温差不宜低于设计工况的 60%。

③ 空调水系统各主环路回水温度最大差值：冷水系统，不宜超过 1 ℃；热水系统，不宜超过 2 ℃。

④ 有变频控制的空调水系统，冷冻水系统的供回水温差不应低于 4 ℃，冷却水系统的供回水温差不应低于 5 ℃，水泵最低转速不应低于额定转速的 50%。

水泵运行应满足下列要求：

① 空调水系统运行时，为提高水系统的供回水温差，应调整水泵输配介质流量，使其流量与负荷相匹配。

② 对冷（热）水或冷却水配置 2 台以上水泵的系统，应根据负荷变化等因素及时调配水泵的运行台数，使运行的台数为最少。

③ 空调系统的并联水泵，有变频器的，应采取合理的控制措施；无变频器的，应根据空调冷冻水系统或冷却水系统的供回水温差调节冷冻水泵或冷却水泵的开启台数。

④ 部分末端不满足环境控制要求时，应通过对末端水系统的平衡度来改善该部分末端的空调效果，而不能盲目地增加循环泵开启台数。

⑤ 空调局部末端不能满足室内温度需求，应检查末端管路并对循环水路系统采取相应的调适措施，不宜盲目增加冷冻水泵开启台数。

4）空调末端送风系统节能运行管理

（1）巡视要求：定期检查管道保温情况，确保保温绝热层连续不间断、无脱落和破损。定期检查通风及空调风系统，对出现质量问题的风管应做相应的整改。定期检查通风、空调系统风管及设备内（含能量回收）的过滤装置，发现脏堵应及时清洗或更换。定期对通风空调风管进行检查，当风管清洁卫生问题已经造成房间空气质量下降、风系统阻力增加时，必须对空调通风系统实施清洗。定期检查空调通风系统新风口，风口周边环境应保持清洁无遮挡。对于设置风机变频控制的空调风系统，应定期检查并保持变频系统正常运行（变频设备的频率不宜低于 30 Hz）；对设置有 CO 浓度监控的汽车库或 CO_2 浓度监控的办公空间，应定期检查探测器及监控系统是否正常工作，保证通风系统按照要求正常运行；定期检测热回收装置性能，出现漏风、热回收效率降低等问题时应及时整改。

（2）空调风系统：冬季、过渡季节及夏季夜间存在供冷需求的房间，条件允许时可充分利用室外新风供冷。

空调系统间歇运行的场所，应根据使用需求采取适当的预冷或预热措施。预冷预热措施时应符合下列要求：

① 尽量利用自然冷热源进行预冷预热。

② 采用空调冷热源预冷预热时，应关闭新风系统。

空气热回收装置运行应符合下列要求：

① 应检查热回收装置性能，出现漏风、热回收效率降低等问题时，应及时整改。

② 在正常运行时，应保证各个风道阀门的正常启闭，保证风道畅通，停止使用时，检查新风进口、排风出口风阀是否同时关闭。

③ 室外温度较低时，检查热回收装置排风侧是否出现结露或结霜，当出现时，应采取预热措施。

④ 系统无须热回收时，应开启旁通装置，减少系统运行阻力，降低送、排风机能耗。

为保证空调通风系统送、排风量平衡，应采取以下措施：

① 空调系统运行时应关闭门窗，减少无组织通风。

② 新风机组和排风机组的应同步运行，相互匹配，维持与相邻房间的压差要求。

③ 对于设置有空调的厨房，其排油烟系统直接采用室外空气补风时，应将补风直接送到灶台排风位置附近。

空调通风系统运行时，应在不影响系统风量平衡的条件下，采取有效措施加大空调通风系统的送回风温差，送回风温差应满足表4-3的要求。当系统的使用功能或负荷分布发生变化造成系统的温度明显不平衡时，应对空调通风系统进行衡平调试。

表4-3　送回风温差要求

送风高度/m	$H \leqslant 5$	$5 < H \leqslant 10$
温差限制/℃	$\Delta T \leqslant 10$	$\Delta T \leqslant 10$

注：H 为送风高度（m），ΔT 为温差限制（℃）。

夏季、冬季或者不能直接利用室外新风时，必须考虑提高入室的新风质量来调节引入的新风量，以减少新风处理能耗。运行过程中的新风量应根据实际室内人员状况按需调节，并应符合现行国家标准《民用建筑供暖通风与空气调节设计规范》（GB 50736）的有关规定。

过渡季节，应根据室外温度的状况调节新风阀门开启度来改变新风量。全空气系统宜适时调节新排风阀门的开启度来改变新排风比。

5）空调冷却系统节能运行管理

（1）巡视要求：定期检查冷却塔实际运行工况（如风机耗电比），对于实际运行中主要参数不满足国家标准的冷却塔宜及时整改或更换。定期检查冷却塔运行中是否存在冷却塔布水不均、填料面积利用率低、填料上附着淤泥或结垢的现象，及时整改。

应记录空调冷却水系统以下内容：

① 室外空气干球温度及相对湿度。

② 冷却塔进、出水温度。

③ 水泵电功率、流量及扬程。

④ 风机电功率。

⑤ 过滤器等元件的阻力。

应定期根据室外空气干球温度、相对湿度及冷却塔进出水温度，计算冷却塔效率，当发现效率有明显降低时，应进行整改。定期检查冷却塔启停与冷却塔进、出水管阀门联动的可靠性，保证冷却塔停止运行时，冷却塔进、出水管阀门可靠关断。定期检查冷却塔周围空气是否流通顺畅，冷却塔周围有热源、废气和油烟气排放口时，应采取合理措施保证冷却塔工作不受排气影响。定期检查冷却塔的淋水管喷头是否堵塞，及时疏通。定期检查冷却塔电机、皮带传动装置及风机叶轮，发现皮带松动时应及时解决。定期检查冷却塔风机运行的平稳情况，发现风机运行失衡时应及时解决。应根据水质检测情况定期对冷却塔进行排污管理；定期检查过滤器两端压力，当过滤器阻力超过使用要求时，应及时进行清洗或更换。

（2）管理制度：

冷却塔运行应满足下列要求：

① 冷却塔运行时，应使冷却塔出水温度接近室外空气湿球温度。

② 对一塔多风机配置的矩形冷却塔，宜根据冷却水回水温度及时调整其运转的风机数，在保证冷却水回水温度满足冷水机组正常运行的前提下，应使运转的风机数量最少。

③ 多台冷却塔并联运行时，应充分利用冷却塔换热面积，开启全部冷却塔，同时冷却塔风机宜采用变风量调节。冷却塔应符合下列规定：

运行管理方应检查并保证各冷却塔（组）安装高度一致，并确保平衡管畅通；应检查并联运行的每台冷却塔的水力分配情况，调整阀门开启度，保证各冷却塔配水均匀。根据建筑负荷、气候条件，合理确定冷却塔投入运行的台数及冷却塔运行方式。多台冷却塔并联运行且采用风机台数启停控制时，应关闭不工作冷却塔的冷却水管路的水阀，防止冷却水通过不开风机的冷却塔旁通。

在过渡季节及冬季采用"冷却塔免费供冷"时，宜记录室外湿球温度、室内环境温湿度、冷却塔供回水温度及流量等相关参数，找出合理利用"冷却塔免费供冷"的运行工况，并指导系统运行。

条件允许时，冷却水系统可采用"一机对多塔"的方式运行，最大化利用系统中冷却塔的换热面积对冷却水降温。

4. 参考案例

成都某办公建筑，曾先后获得超低能耗建筑标识、绿色建筑运行标识，该建筑的物业管理公司对空调系统制定和实施了空调系统运行和巡视策略，并建立由专业人士牵头的空调系统运行维护调试小组。

本项目设置集中空调系统，空调冷热源采用 12 台模块式风冷热泵机组，标准工况下主机制冷能效比为 3.21，满足《冷水机组能效限定值及能源效率等级》（GB 19577）中的 2 级能效要求；主机冷源综合部分负荷性能系数（IPLV）为 4.1。项目机组根据系统设定出水温度和回水温度自动增减运行模块，以使系统冷热负荷得以自动调节。空调冷冻水系统为闭式双管制一次泵变流量系统，水泵根据空调供回水压差变频控制，在各楼层设置压差控制阀，调节平衡各层压力；根据房间分区、功能和时间分别设置空调系统和控制系统。风机盘管采用电动二通阀加房间温控器方式控制，公共区域及大办公室风机盘管分组、分区独立控制，独立办公室风机盘管独立控制；全空气处理机组采用电动二通调节阀加房间温控器方式控制。

空调系统运行维护调试小组根据项目设备情况制定空调系统的巡逻要求和管理规定。首先，对空调系统相关参数进行记录，如天气（晴天、雨天、多云、阴天）、温度、湿度、机组开启组数、循环水泵台数、空调机组入口水压、空调机组出口水压、总流量、空调主机及水泵的异常情况，巡查人等进行了一天两次的记录。

其次，每天早上和下午会根据天气情况进行周期性的参数调整。在天气变化较快的时候，时刻检查机组及水泵的开启数量，保证系统冷热负荷得以自动调节设置值，使其符合本栋大楼实际情况。每天早上和下午会对室内外末端及室内情况进行巡查，对室内温度设定情况、门窗开启情况进行核查和复位。

最后，每个空调季之前，都会由空调系统运行维护调试小组对大楼空调系统的水力平衡、机组运行性能及设定参数、循环水泵运行性能、末端风机运行性能进行调适，保证空调季系统的良好运行。

4.2.2　电气系统运行管理

1. 技术简介

保持建筑物的电气设施设备系统高效运行，是保证超低能耗建筑节能目标的基础之一。应通过优化电气系统中变配电系统、照明系统、动力系统等的运行，在不影响使用者的情况下，定期对电气系统设备进行监测以及对设备系统调适、维护，不断提升电气设备系统的性能，提高建筑物的能效管理水平。

2. 适用范围

适用于各类公共建筑。

3. 技术要点

1）供配电器节能运行管理

（1）巡视要求：定期监测配电房温、湿度，并根据监测结果对机房的通风及降温除湿设施进行启停控制。定期对系统谐波进行检测，当谐波含量超过国家规范《电能质量公用电网谐波》（GB/T 14549）中规定的限值时，应增设谐波治理装置。应统计建筑物的日耗电量、月耗电量及年耗电量；应对建筑物公共用电的各计量表月耗电量及年耗电量数据进行单独统计。应对变压器低压主开关回路及馈线回路的电流、电压、功率因数、谐波、电能等参数进行监测，并根据监测数据制定节能运行管控措施。

（2）管理制度：应建立各类电气设备的日常运行操作、维护和维修管理的规章制度。

应按照建筑的使用功能，制定适宜的电气设备启动和停止时间，按制定的流程操作。当发现供配电系统或照明系统运行中存在不节能状况时，应及时进行节能改造；应对建筑的分项耗电量进行统计，并根据电能消耗记录，总结电能变化规律、制定节能运行管理措施。

对于变压器的节能运行应采取下列措施：

① 变压器的经常性负荷应以在变压器额定容量的 60%为宜，不应使变压器长期处于过负荷状态下运行。

② 对于分列运行且相互联络的两台变压器，应结合负载率状况调整投入运行的变压器台数。

③ 当设置有季节性负荷专用变压器时，应根据其负载情况适时退出变压器。

④ 变压器低压侧集中补偿后，功率因数应不小于 0.9。

⑤ 三相负荷不平衡率均小于 15%。

对电气设备应采取下列运维管理措施：

① 蓄冰、蓄热等用电设备应设置在用电低谷时段运行。

② 对于连续工作的非恒定电机类负载，当采用定频方式控制时，可结合管理需要，将其改造为变频调速的运行方式。

③ 对季节性负荷供电的设备，应在非工作季节断开其供电电源。

④ 对于大型可控硅调光设备、电动机变频调速控制装置等谐波源较大的设备，应进行谐波检测，必要时可就地增设谐波抑制装置。

2）照明系统节能运行管理

（1）巡视要求：每日至少对大楼公共区域、茶水间、机房竖井及车库进行一次巡视检查。检查内容及问题的处理见表 4-4；定期（每半年）对照明灯具进行维护、清洁。巡视时要注意灯光的开闭情况，无人使用的地方应随手关灯等。发现日关灯、节能灯出现闪烁和光源光衰严重等问题，及时报修。当项目灯具采用人工控制时，应定期对自动控制装置的有效性进行检查。

表 4-4 灯具公共区域、茶水间、机房竖井及车库进行巡视检查表

检查区域	检查内容	解决问题方式	其他事宜
写字楼公共走道、电梯大堂	灯具灯光有无损坏；色温有无差别；照明开启时间 8:00—18:00	更换损坏光源，更换相应色温的光源，及时按照照明开启时间表调整	调查该区域照度情况；观察办公单元上下班高峰期及周六周日加班时公共走道使用率。以上检查为今后制订节能改造方案提供资料
卫生间、茶水间、清洁间	灯具光源有无损坏色温有无差别；照明开启时间 8:00—18:00	更换损坏光源，更换相应色温的光源；及时按照照明开启时间表调整	监督保洁员及时清洁烘手器、小便池及感应龙头的感应窗

续表

检查区域	检查内容	解决问题方式	其他事宜
机房、竖井	灯具光源有无损坏色温有无差别；无人工作时照明是否按规定关闭	更换损坏光源，更换相应色温的光源；未关闭的照明及时关闭，并通知相关专业主管。	—
地下车库	灯具光源有无损坏，色温有无差别；应急保留灯 24 h 常开	更换损坏光源，更换相应色温的光源	—

注：具体时间随季节变化作相应调整。

（2）管理制度：公共建筑室内照明场所应建立照明节电时间表，统一开启和关闭房间照明系统。有自然采光的公共建筑场所及建筑外区，在自然光达到照度要求情况下，应关闭人工照明。地下停车场，应按照进出车流高峰，在不影响安防视频监控工作的前提下，早晚和深夜等时间段调节不同的照度。非停留区域，宜采用声光和远红外等感应开关。对于达到使用寿命或在使用寿命期内光通量明显降低的光源应及时更换。

照明控制制度应满足以下要求：

① 利用大楼楼宇控制系统控制公共区域照明，并根据大楼照明分布和照明使用性质，合理地对不同的照明进行开、闭时间的控制，以达到节能的目的。

② 物业公司从合理使用能源角度制定大楼的照明控制表，以达到最佳的节能方式。

③ 建筑物景观照明应制定平日、一般节假日及重大节日的灯控时段和控制模式，应对商业广告照明制定节能运行管理措施。

④ 每个办公工位增加一台 LED 台灯，便于夜晚个人加班时间，避免大面积开启办公区域的照明。

⑤ 根据建筑物的建筑特点、建筑功能、建筑标准、使用要求等具体情况，制定对灯具照明进行分散、集中、手动、自动等合理有效控制的日常运行措施。

当存在下列状况时，应对照明系统进行节能改造：

① 主要房间或场所的功率密度值高于《建筑照明设计标准》（GB 50034）中规定现行值时。

② 正在使用的照明灯具及光源为国家或地方淘汰产品的。

③ 未使用高效节能灯具的。

当项目灯具采用人工控制时，应对公共区域的照明控制进行流程化管理。公共走廊、门厅、电梯厅、地下停车场等人员流动的场所，应根据不同时段进行照度调节控制。

3）电梯系统系统节能运行管理

（1）巡视要求：电梯安全管理人员在每周工作开始前，应到机房内对机械和电气设备做巡视性检查。定期对电梯巡视检查，每周对电梯做例行检查，若发现异常，应立即停梯检修，并将每次的检查结果记录备案。每月检查一次电梯机房内消防灭火器的压力是否在标准范围内。每周记录电梯的能耗。

对直梯的巡视应遵循以下要求：

① 应定期检查电梯运行环境及运行状态，电梯运行环境不满足要求或电梯运行不正常时，应及时找出原因并进行整改。

② 检查电梯的机械传动和电力拖动系统，对于效率低下的系统，在技术经济比较合理的时候，宜进行整改。

③ 电梯轿厢内的照明、通风设备应为节能产品，在无人搭乘时，应能自动关闭轿厢内照明、通风等非消防用电设备。

长期对电梯耗电量进行统计和分析，发现电梯运行能耗增加时，应分析原因并采取措施整改。电梯的定期检验应当按照电梯安全技术规范和标准的要求对电梯使用单位的节能管理和设备的能效状况进行检查，并记录电梯运行相关数据。

（2）管理制度：建立以岗位责任制为核心的日常检查制度、维护保养制度、作业人员与相关运营服务人员的培训考核制度。操作者应熟悉大楼电梯分布和使用情况，掌握电梯使用和养护流程。在用的国家明令淘汰的高能耗电梯，使用单位应在规定的期限内予以改造或者更换。到期未改造或未更换的，应禁止继续使用。固定上下班时间的建筑，电梯系统应实行智能化控制，合理分配电梯的运行区域、设置电梯开启数量、停靠层站和运行时间。两部以上并排的电梯，宜采取单双层分别运行的方式使用，一部电梯只到达单层，一部电梯只到达双层。高层建筑电梯，应根据建筑层数将电梯划分高、低区节能运行。除特殊情况外，夜间无人员上班或值班的大楼，电梯禁止开启，或只开启 1 台。长时间无人情况下，电梯照明和通风系统应能自动关闭。宜设定在电梯待机 1～2 min 后自动关闭，在接收到信号时自动开启。人员流量小的时间段，应关闭部分电梯，只保留必要数量的电梯运转。使用者宜多爬楼梯，少乘电梯。上楼，1～2 层应步行；下楼，2～3 层应步行。

自动扶梯运行管理制度如下：

① 自动扶梯轻载时，应适当调整输入电压。

② 无人乘梯时，扶梯应自动平稳降速运行，以降低空载用电。

③ 有人乘梯时，扶梯应自动从空载低速平稳过渡到额定速度运行。

④ 宜在客流高峰期开启自动扶梯，在客流量较少时可关闭部分自动扶梯。

电梯的节能运行管理应符合下列规定：

① 应制订维护保养计划，定期检查电梯运行环境及运行状态，电梯运行环境不满足要求或电梯运行不正常时，应及时找出原因并进行整改。

② 检查电梯的机械传动和电力拖动系统，对于效率低下的系统，宜进行整改。

③ 应定期调校平衡系数，并应维持在 0.4～0.5。

④ 电梯轿厢内的照明、通风设备应为节能产品，电梯宜具有休眠功能，在无人搭乘时，宜能自动关闭轿厢内照明、通风等非消防用电设备。

⑤ 电梯机房、井道在达到设备正常工作温度时，空调系统应停止运行。

统计乘客使用规律，在满足使用要求的前提下可调整电梯群控参数，降低电梯运行能耗。

4. 参考案例

成都某办公建筑，曾先后获得超低能耗建筑标识、绿色建筑运行标识，该建筑的物业管理公司对电气系统制定和实施了电气系统运行和巡视策略，并建立由专业人士牵头的电气系统运行维护调试小组。

本项目设置变配电系统、照明系统、动力系统等，本案例以照明系统为例。案例项目灯具光源均采用 LED 发光光源；光源显色指数 $Ra \geqslant 80$，色温 4500～6500 K。照明灯具：应急照明灯具和疏散指示标志灯具，外设玻璃或其他不燃烧材料制作的保护罩，且符合国家的有关规定；LED 灯的能效等级不低于 2 级。走廊、门厅等公共区域及展厅、多功能厅、报告厅、大开间办公室由智能照明控制系统控制，各区域均可由系统主机集中控制或利用现场控制面板分区、分组控制。其中走廊同时可由红外传感器自动控制，一层门厅、大开间办公室可由照度传感器实自动控制，展厅、多功能厅、报告厅可设置场景、时钟模式自动控制，并且可由调光箱实现调光，小办公室、会议室等区域采用翘板开关就地控制，楼梯间由消防型红外感应开关控制。

电气系统运行维护调试小组根据项目设备情况制定空调系统的巡逻要求和管理规定。首先，每日至少一次对大楼公共区域、茶水间、机房竖井及地下室进行巡视检查，对灯具损坏、色温差别、灯具开闭时间进行了一天两次的记录。

其次，每天早上、下午、夜间会根据天气情况进行周期性的调整智能灯具情况。主要看在晴天时间内，走廊、办公室外区等光照充足的地区灯光是否自动或手动关闭，对未根据指定关闭的灯具进行手动熄灭。对夜间加班楼层，督促每日下班后即时关闭灯光。设定了闭灯时间内，强制性关闭工作区所有灯光，减少夜间不必要灯光使用。大楼使用该制度之后，建筑能耗同比减少 3% 以上。

最后，每个月都会对闪烁灯具以及灯具表面进行更换清洗，做到目视灯具、灯管无灰尘，灯具内无蚊虫，灯盖、灯罩明亮清洁，保证灯具照度满足使用者需求。

4.2.3　给排水系统运行管理

1. 技术简介

保持建筑物的给排水设施设备系统高效运行，是保证超低能耗建筑节能目标的基础之一。应通过电气系统中给排水系统、热水系统、非传统水源系统等进行优化运行，在不影响使用者的情况下，定期对给排水系统设备进行监测以及对设备系统进行调适、维护，不断提升给排水设备系统的性能，提高建筑物的能效管理水平。

2. 适用范围

适用于各类公共建筑。

3. 技术要点

1）给水系统运行管理

（1）巡视要求：按使用功能检查、完善用水计量设施，并定期检查水表计量的准确度。定期记录供水系统中加压泵的出口压力、耗电量等运行参数。

定期检查供水系统中各分区最有利用水点、最不利用水点、集中用水点的供水压力，并根据检查结果调整供水系统工作状态。

定期检查水箱与管路的溢水情况。按水平衡测试的要求进行运行管理，定期检查用水量计量情况，若出现管网漏损情况，在更换时选用密闭性能好的阀门、设备，使用耐腐蚀、耐久性能好的管材、管件。

应定期检查供水管网中过滤器、减压阀等附件，发现异常时应及时查找原因并进行相应的维护。定期检查配水装置的开启和关闭是否出现超压出流现象，若有，应检查水箱、减压阀、减压孔板或节流塞等是否正常运行。

对给水系统进行定时巡检，及时发现并解决用水设备、管网及阀门等漏损的问题，主要包含：

①水泵运行检查。

②给排水系统的管道、仪表、阀门与辅助设备检查。

③饮用水系统检查。

④太阳能热水系统检查。

（2）管理制度：应长期进行节约用水宣传，在公共用水区域设置节水标志。应长期监测供水管网的水力工况，监测供水系统典型用水点供水压力。系统最不利用水点压力大于 0.2 MPa 时，应及时调整供水水压。当系统超压是由于水泵扬程过高引起时，应对加压泵进行整改。

给水系统采用管网叠压供水设备供水，应确保水泵组中的变频运行泵和工频运行泵的工作区包含在水泵的高能效区域内，且在最不利情况下禁止水泵过载。

循环冷却水的运行中，应确保冷却水节水措施运行良好，水质应达到国家现行标准要求。对冷却塔蒸发耗水量和补水量进行定期记录分析，应保证冷却塔的蒸发耗水量占到冷却补水量的比例不低于 80%。

建筑给排水系统的维护保养应包括下列内容：

①水泵维护保养。

②水箱（池）维护保养。

③给排水系统的管道、仪表、阀门与附件及管道保温的维护保养。

④水加热设备维护保养。

加强节水管理，供水系统的节水管理应符合下列规定：

①用水设备、器具及配件更换时，应优先选用技术先进、满足相关国家标准的节水、节能产品。

②更换供水管道及其附件时，所选产品应满足相关国家标准要求。

应根据供水的需求进行水泵启停的控制和变频调节：

① 对于高位水箱式给水系统，宜根据水池（箱）的启停泵水位控制给水泵的启停。

② 对于叠压供水系统，宜根据市政供水压力和给水总管的压差来控制水泵的启动台数和变频调节。

采用气压给水设备供水时，应符合下列规定：

① 气压水罐内的最低工作压力应满足管网最不利处的配水点所需水压。

② 气压水罐内的最高工作压力，禁止使管网最大水压处配水点的水压大于 0.55 MPa。

③ 水泵（或泵组）的流量不应小于给水系统最大小时用水量的 1.2 倍。

④ 水泵在 1 h 内的启动次数不应大于 8 次。

喷泉、壁泉水系统循环泵的运行时间，除节假日外，每天不宜大于 8 h。节水灌溉系统运行模式宜根据气候、土壤湿度和绿化浇灌需求等因素及时调整。

应长期监测供水系统中加压泵的运行工况，对加压泵的节能管理应符合下列要求：

① 对长期处于高效区以外运行的工频水泵，应采取措施提高水泵效率。

② 对采用变频调速运行的加压泵，应保证水泵的变频控制策略与系统相匹配并正常运行。

2）热水系统运行管理

（1）巡视要求：定期检查热水供应系统中储水设备及热水管道的保温情况，发现保温材料损坏或保温性能显著下降时应及时修复或更换。对集中热水供应系统，应定时记录贮热水箱（罐）的进出水温度、回水温度及热媒进出温度。

（2）管理制度：电热水系统宜采用定时控制装置，应设置与工作时间相匹配的开启时间和关闭时间，实现自动定时开启电源和切断电源。若电热水器保温性能、热效率低于三级，或达到使用寿命时，应进行更换，应优先选用热效率高、保温良好、自带自控系统、加热方式为分层加热或分水箱加热的电开水器。饮用热水系统自动温控装置应能根据水加热器内水温的变化自动调节或启闭系统。宜对电开水器进行单独计量。

当采用局部热水供应系统时，应根据建筑内热水使用情况和使用季节合理制定加热设备的工作时间和工作模式。定时供热水系统开启时间与使用时间应同步。

3）建筑中水系统运行管理

（1）巡视要求：中水系统运行时，应对给水泵和循环水泵的水量、水压及中水水池的高、低水位进行监测。

（2）管理制度：建筑中水系统的水泵应具备自动启停控制功能，运行泵故障时应自动切换至备用泵。建筑中水系统的水泵不应频繁启动，停止和启动的时间间隔应在 5 min 以上。定期对非传统水源质进行检测，确保用水安全。

4. 参考案例

成都某办公建筑，曾先后获得超低能耗建筑标识、绿色建筑运行标识，该建筑的物业管理公司对给排水系统制定和实施了给排水系统运行和巡视策略，并建立由专业人士牵头的给排水系统运行维护调试小组。

本项目设置给排水、茶水间热水、雨水回用系统。项目办公楼用水采用分区供水方式。低区由院区现有给水管网直接供给，中区、高区合用一套无负压变频供水设备，中区由高区供水设备配套减压阀分区供给，中区供水压力为 0.50 MPa，高区供水压力为 0.70 MPa，在地下室设置生活专用水泵房。室外排水系统采用雨、污分流，污废水经初处理后排放的措施，根据当地环保部门要求，室内生活污水经室外污水检查井汇集后，先接入院区内已有格栅池初处理后，再排入市政污水检查井。室内采用粪便污水与洗涤废水合流排水管道系统，地面以上全部为重力流排放，卫生间排水立管采用双立管系统（设专用通气立管），其余排水采用单立管系统（仅设伸顶通气管）。污水经排水管道收集后，排入院区现有污水管网。本项目设置雨水回收利用系统，收集屋面雨水和场地雨水。经处理后的雨水供院区和办公楼垂直绿化用水、室外绿化、道路浇洒用水。

给排水系统运行维护调试小组根据项目设备情况制定空调系统的巡逻要求和管理规定。物业维修班人员负责泵房内给排水设备 24 h 运行的操作、监控、记录，应在给排水设备（设施）启动时检查电流、电压是否正常，倾听电机、水泵有无异响，检查阀门、水泵是否漏水；检查水泵运行、压力是否可靠，检查结果记录于《生活水泵运行记录表》。物业检修班人员在巡视、检查中发现供水设备有问题应及时采取措施加以处理，对处理不了的问题应及时报告项目经理。水泵房应每日打扫，机组每周清洁一次。要求设备、地面、墙壁无积尘、水渍、油渍。

物业维修班每周按《管道巡检记录表》内容进行巡视，并作相关记录。在巡视中发现的问题应及时维修，维修完毕填写《设备维修记录表》。对不能处理的问题应及时汇报。

水泵房管理工作由给排水系统运行维护调试小组进行，其他人不得擅自操作。给排水控制柜上转换开关，在无特殊情况应打在"自动"位置。生活水泵每隔一个月进行一次轮换。

运行维护调试小组应每个月检查一次供水管网的水力工况。当楼层出现超压现象或者水压不足现象时，调整减压阀阀门开度，满足节水和用水器具的目标需求。

4.3 本章相关标准、规范及图集

《近零能耗建筑技术标准》（GB/T 51350—2019）

《近零能耗建筑测评标准》（T/CABEE003—2019）

《物业管理条例》（2003 年 6 月 8 日中华人民共和国国务院令第 379 号公布，根据 2007 年 8 月 26 日《国务院关于修改〈物业管理条例〉的决定》修订）

《中华人民共和国物权法》（中华人民共和国主席令第 62 号，2007 年 3 月 16 日，自 2007 年 10 月 1 日起施行）

参考文献

［1］侯隆澍，丁洪涛. 超低能耗建筑规模化发展现状及对策建议[J]. 建设科技，2022（19）：12-15. DOI：10.16116/j.cnki.jskj.2022.19.002.

［2］任楠楠，孙境泽. 严寒地区超低能耗建筑节能运行管理策略研究[J]. 低碳世界，2017（34）：209-210.

［3］管玲俐. 外遮阳对建筑能耗和室内光热环境的影响[D]. 南京理工大学，2019.

［4］刘庆开. 浅谈空调冷热输配系统节能技术[J]. 建材与装饰，2020（13）：9；11.

［5］明月. 重庆典型办公空间通风策略对室内环境及供暖空调能耗影响研究[D]. 重庆大学，2018.

［6］虎尚友. 功率因数对企业供配电系统的影响及补偿装置在系统中的应用[J]. 中国金属通报，2019，4（11）：129-131.

［7］郭剑峰，杨瓅. 供配电系统三相负荷不平衡调整开关及其应用[J]. 山东工业技术，2018，4（13）：189.

［8］周建新. 探讨已建泵站水泵运行效率提高途径[J]. 科技创新导报，2018，15（35）：15-16；18.

［9］沈念俊，王永春，石团团. 塑料储水模块式雨水收集回用系统常见质量问题分析与建议[J]. 安徽建筑，2020，27（9）：133-134.